インプレス R&D ［NextPublishing］

New Thinking and New Ways
E-Book / Print Book

世界の再生可能エネルギーと電力システム

安田 陽 著

［系統連系編］

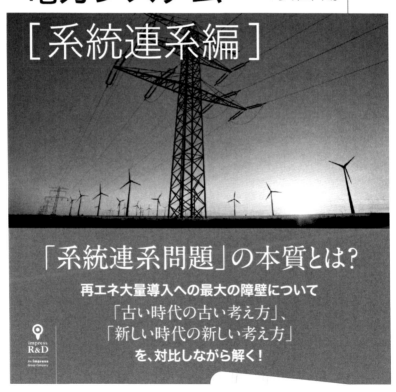

「系統連系問題」の本質とは？
再エネ大量導入への最大の障壁について
「古い時代の古い考え方」、
「新しい時代の新しい考え方」
を、対比しながら解く！

impress R&D
An Impress Group Company

JN207618

はじめに

　本書は『世界の再生可能エネルギーと電力システム』シリーズの第4弾です。これまで、『風力発電編』、『電力システム編』、『経済・政策編』と刊行してきましたが、ようやく再生可能エネルギーを電力システムにつなぐ「系統連系」というテーマに到着しました。

　系統連系問題は、現在日本で再生可能エネルギーを導入する際の最大の問題点とも目されており、その解決が喫緊の課題だとも言われています。この問題を解くためには、表層的で場当たり的な対症療法ではなく、深層を探り、根本的解決を目指さなければなりません。そのためには、単に発電工学や電力系統工学などの技術的な知識だけでは足りず、経済や政策などの制度面からの考察も必要です。それ故、この『系統連系編』は、『電力システム編』および『経済・政策編』の続編として満を持して登場する次第です。

　本書では、複雑に絡み合った（ように一見みえる）系統連系問題の糸を解きほぐすために、「古い時代の古い考え方」（第2章）と「新しい時代の新しい考え方」（第3章）を対比させ、重要キーワードを並べた構成となっています（下表参照）。

第2章　古い時代の古い考え方を理解するための7つのキーワード	第3章　新しい時代の新しい考え方を学ぶための7つのキーワード
2.1 空容量	3.1 実潮流
2.2 ノンファーム	3.2 間接オークション
2.3 先着優先	3.3 非差別性
2.4 原因者負担の原則	3.4 受益者負担の原則
2.5 募集プロセス	3.5 費用便益分析
2.6 不安定電源	3.6 アデカシー
2.7 バックアップ電源（＋蓄電池）	3.7 柔軟性

　読み進める順番は、第2章に全て目を通してから第3章に進んでもOKですし、興味のあるテーマ（例えばノンファームと間接オークション）に関して、2.2節→3.2節と対比しながら読み進めても構いません。系統連系問題の本質の解明と解決にあたって、新旧のキーワードが対となる

ように構成されています。

「古い時代の古い考え方」とは、発送電分離以前の垂直統合の時代の電力システムの考え方です。

本書では、決してそれを否定したり貶めるために取り上げるわけではありません。これらはいわば「古典」です。エネルギー問題が科学技術に立脚する以上、これまでの先人の積み上げてきた叡智は尊重すべきで、「新しい時代の新しい考え方」も先人の蓄積の破壊を意図するものではありません。

たとえパラダイムシフトのような科学技術上の断絶があったとしても、過去の理論や技術が全て否定されるわけではありません。例えば量子力学の登場においては、古典電磁気学が記述し得なかった量子レベルの物理現象を記述したという点で科学史上の大きな跳躍がありましたが、通常のほとんどの現象（例えば電力システムの挙動）は古典電磁気学で十分説明がつき、古典電磁気学は否定されたわけでなく21世紀の現在でも現役で利用されています。

新しい時代の新しい考え方を学ぶには、まず「古典」を知る必要があり、古典理論によってどこまでが記述でき、どこから記述できないかを確認する必要があります。再生可能エネルギー、特に本書で対象とする風力発電や太陽光発電は、21世紀に入って急速に進展した新しい技術です。単純に、新しい技術は古い時代の古い考え方で設計された器には入りません。器を新しいものに変えていく必要があります。そのためには古い器がなぜそのように設計されたのか、「故きを温（たず）ね」る必要があります。

「新しいものが入らないのは新しいものが従来のシステムに合わせようとしないからだ！」という意見もあるかもしれませんが、それは今のシステムに満足し「我々は何も変わりたくない」と言うに等しく、現状から変わろうとしなければ日本は猛スピードで変化しつつあるグローバルな国際競争に生き残ることはできないでしょう。新しいものが入らないのは、しばしばそれを入れるための器、すなわちそれを入れる方法やルールが古いことに起因します。そしてその解決方法は、意外にも超革

新的な技術ではなく、単純に古いルールをほんのちょっと変えればよいだけだったりします。

　ちなみにイノベーションとは日本語でよく「技術革新」と訳されますが、イノベーションとは実は何も「技術」に限った話ではありません。システムやルール、制度の改革も立派なイノベーションの一部です。「技術立国」ニッポンは、もしかしたら技術に誇りを持ちすぎて、新しい時代に向かってルールや制度を変える方法もあるということをすっかり忘れているのかもしれません。

　本書では、みなさんと一緒に「故きを温ね、新しきを知る」旅にでかけます。「温故知新」により、新しい時代の新しいテクノロジーである再生可能エネルギーを受け入れる電力システムを構築できようになるでしょう。それが系統連系問題の真の解決に近づく道だと思います。

2019年11月

安田　陽

目次

はじめに ……………………………………………………………… 2

第1章 「系統連系問題」とは、何が「問題」なのか？ ………… 7
1.1 そもそも「系統連系問題」とは何か？ ……………………… 8
1.2 世界における日本の立ち位置と「系統連系問題」の本質……… 15

第2章 古い時代の古い考え方を理解するための7つのキーワード…… 21
2.1 空容量 ……………………………………………………… 22
2.2 ノンファーム ……………………………………………… 32
2.3 先着優先 …………………………………………………… 39
2.4 原因者負担の原則 ………………………………………… 43
2.5 募集プロセス ……………………………………………… 53
2.6 不安定電源 ………………………………………………… 59
2.7 バックアップ電源と蓄電池 ……………………………… 68

第3章 新しい時代の新しい考え方を学ぶための7つのキーワード…… 83
3.1 実潮流 ……………………………………………………… 84
3.2 間接オークション ………………………………………… 95
3.3 非差別性 …………………………………………………… 99
3.4 受益者負担の原則 ………………………………………… 107
3.5 費用便益分析 ……………………………………………… 112
3.6 アデカシー ………………………………………………… 123
3.7 柔軟性 ……………………………………………………… 131

第4章 おわりに：系統連系問題は市場参入障壁問題 …………… 143

参考資料 ……………………………………………………………… 151

著者紹介 …………………………………………………………………… 167

1

第1章 「系統連系問題」とは、何が「問題」なのか？

1.1　そもそも「系統連系問題」とは何か？

　再生可能エネルギー（以下、再エネ）のうち、風力発電や太陽光発電といった自然条件によって入力が変動するものは変動性再生可能エネルギー VRE: Variable Renewable Energy と呼ばれます。VREという略語は、日本ではまだ聞きなれない言葉ですが、海外の文献では当たり前のように使われる「今流行り」の言葉です。本書でもVREは主役であり、多くの箇所に登場することになります。

　さて、この自然条件によって変動する電源を既存の電力システムにつなぐ場合、必ずと言ってよいほど「系統連系問題」が俎上に載ります。なぜこの「系統連系問題」なるものが「問題」として浮上するのでしょうか？　実際のところ何が問題であり、何が原因であり、どのようにそれを解決すればよいのでしょうか？　本書は「世界の再生可能エネルギーと電力システム」シリーズの佳境として、この問題にメスを入れていきます。

「系統連系」とは何か？

　「系統連系」とは、ごく簡単にいうと、風車や太陽光に限らず、発電装置を電力系統（電力システム）につなぐことです。「連系」とは、ワープロでよく変換候補にあがる「連携」や「連係」ではなく、電力工学特有の専門用語です。

　電力システムにつなぐには、単に電気的に接続された状態にするだけでなく、電力の安定供給と電力品質を維持するため一定の基準を満たす必要があります。「系統連系問題」とは、この「電力の安定供給や電力品質」の部分に大きくかかわります。

日本では、風力発電および太陽光発電（すなわちVRE）の問題点として、「不安定だ」、「予測できない」、「電力系統に迷惑をかける」、「停電になる」などと指摘される傾向にあります。つまり、VREは「電力の安定供給や電力品質」に悪影響を与えるかもしれない、ということです。一般の人々はもとより、マスコミや政策決定者、さらには電力にある程度詳しい専門家ですら、そのような発言を好んでする傾向にあります。しかし、これは本当でしょうか？

　「系統連系問題」とはVREの発電サイドに起因する技術的問題であり、発電サイドが問題解決を図ることが求められ、それができない限り「系統連系問題」は解消しない…。あたかもそのような言説が「常識」であるかのように日本全体に流布しています。例えば、日本ではそのようなVREの「問題点」を補うために、火力発電による「バックアップ電源」や蓄電池が必要であるとの言説が、ほとんど何の疑問ももたれずに流布しています。

　しかし、結論から先に述べると、このような解釈は電力工学的にも経済学的にも合理性があるとはいえません。また、日本以外の先進国で、そのような不合理な解釈に基づいて実際に電力システムの運用を行ったり、政策を進めたりしている国もほとんど見ることはできません。

　日本語だけで情報収集していると、言語の壁に起因する「情報鎖国」についうっかり陥りがちです。日本でまことしやかに流布している言説が実は「日本の常識は世界の非常識」であるかもしれないということは、我々が常に注意しなければならないインテリジェンス（適切な情報収集・情報分析）の基本です。

「系統連系問題」とは何か？

　新規テクノロジーであるVREを系統連系する際には、何か克服しなければならない課題があるかもしれません。その課題には技術的な問題点や制度的に改善すべき点などさまざまありますが、それらを総称してざっくり「系統連系問題」と言われています。

VRE（特に風力発電）の大量導入が進む欧州でも、20年前にはこの「系統連系問題」に関する大きな技術的課題があり、風力発電や太陽光発電は最大でも数％までしか電力システムに入らない、というような言説が当たり前のように流布していました。それから20年経った今ではVRE導入率が20%を超える国も複数登場しているため、このような言説はすっかり時代遅れで笑い話でしかありませんが、日本では未だこのような前時代的言説を信じ込んだまま、新しい時代に頭が切り替わらない人が少なくありません。

　欧州や北米では一足先に、「変動する再エネを電力システムに受け入れるようにするにはどうすればよいか？」という研究が進み、2000年代初頭から多くの論文や報告書が発表されています（このあたりの技術史的な変遷をより専門的に調べたい方は、2013年の段階で筆者が日本語で書いた解説論文[1.1]をご参照ください）。

　技術史的に海外の系統連系問題を専門文献に追っていくと、興味深い変遷が見られます。例えば2010年（今から10年近く前）に以下のような主張をする文献が見られています（下線部は筆者）[1.2]。

- 欧州の電力系統に連系できる風力発電の量を決めるのは、技術的・実務的制約よりも、むしろ経済的・法制的枠組みである。
- 風力発電は今日すでに、大規模電力系統では深刻な技術的・実務的問題が発生することなく電力需要の20%までを占めることができると一般に見なされている。
- 20%以上というさらに高い導入率のためには、電力系統および風力発電を受け入れるための運用方法における変革が必要である。

　この文献は、欧州風力エネルギー協会（EWEA、現在はWindEuropeと改名）が発行した報告書であり、幸い日本でも日本風力エネルギー学会（JWEA）によって日本語に翻訳され、同学会のウェブページから無料で入手可能です（http://www.jwea.or.jp/publication/PoweringEuropeJP.pdf）。なお、この文献では風力発電のみに着目していますが、本シリーズ『風力

発電編』で見たとおり、世界的には太陽光よりも風力の方が圧倒的に導入が進んでいるので、その当時の欧州では系統連系問題といえば風力に特化したものであるということは留意が必要です。もちろん、同じVREの仲間である太陽光に対してもほぼ同様のことがあてはまります。

上記で紹介した文献[1.2]の言説は、日本の多くの人々にとって衝撃的かもしれませんが、今から10年近くも前の2010年に公表されたものであるという点も重要です。

日本は2012年から施行された固定価格買取制度(FIT)のおかげでようやく再エネの普及が進みつつありますが（本シリーズ『経済・政策編』参照）、直近の2017年度でも太陽光の導入率（年間発電電力量ベース）が5.4%、風力が1.0%です（文献[1.3]から筆者算出）。あわせて6.4%に過ぎず、文献[1.2]で述べられている「深刻な技術的・実務的問題が発生することなく電力需要の20%までを占めることができる」というレベルには程遠い段階です。

つまり、他国では10年も前に「問題ない」といわれているのに、日本ではそれから10年経っても世界水準でまだ「問題ない」という導入レベルにあるにもかかわらず、国を挙げて系統連系問題が「問題だ、問題だ」と大騒ぎしている状況です。なぜ日本では「系統連系問題」が発生してしまうのでしょうか？

それは日本の自然環境や電力システムが欧州や諸外国のそれに比べ特殊だからでしょうか？ いやいや、それは既に本シリーズ『風力発電編』や『電力システム編』で見てきたとおり、数値や理論（エビデンス）に基づく冷静な考察ではなく、むしろ「日本特殊論」は思い込みや先入観に基づく単なる言い訳に過ぎません。より本質的な原因は、文献[1.2]がずばり指摘しているように、必要な「運用方法における変革」を先延ばしにしてきたからだと言えるでしょう。

日本が10年間「問題だ、問題だ」と言い続け足踏みしている間にも、世界ではさらに時代が進み、再エネや電力システムの運用を取り巻く技術や法制度は大きく変わっています。10年も経てば科学技術は随分進むのは、スマホやドローンなどの分野を見ればむしろ当たり前です。

さらに時間を進めて文献を辿ってみると、その後、2014年に国際エネルギー機関 (IEA) から発行された文書では、下記のように述べられています（下線部は筆者）[1.4]。

- VREの低いシェアにおいて (5〜10%)、電力システムの運用は、大きな技術的課題ではない。
- 現在の電力システムの柔軟性の水準を仮定すると、技術的観点から年間発電電力量の25〜40%のVREシェアを達成できる。
- 従来の見方では、電力システムが持ち得る全ての対策を考慮せずに、風力発電と太陽光発電を増加させようとしてきた。この"伝統的"な考え方では、重要な点を見落とす可能性がある。

2010年に発行された文献[1.2]に比べ、2014年発行の文献[1.4]では、導入率（シェア）の数値が25〜40%とさらに上方修正され、さらに「大きな技術的課題ではない」、「"伝統的"な考え方では、重要な点を見落とす可能性がある」など、踏み込んだ表現が使われていることがわかります。

しかも、文献[1.2]は風力発電を推進する業界団体が発行した報告書ですが、文献[1.4]はさまざまなエネルギー源を取り扱い、研究者・技術者間の国際合意形成が必要な国際機関が発行しているという点で、大きな進展が見られているとも解釈できます。なお、この文献も日本語訳が公開されており、国立研究開発法人 新エネルギー・産業技術総合開発機構 (NEDO) のウェブページから無料で入手可能です (https://www.nedo.go.jp/content/100643823.pdf)。

さらに時間軸を進めましょう。2018年1月に同じくIEAによって発行された文献を紹介すると、以下のような興味深い表現を見出すことができます（下線部は筆者）[1.5]。

- 風力と太陽光発電の設備容量は、支援政策と技術コストの劇的な低下により、多くの国で非常に急速に拡大している。2016年末までに、これらの技術（出力が変動する再生可能エネルギー (VRE)

と呼ぶ）が、15カ国で年間発電電力量のシェアが10%を超えた。
- 2016年のデンマークにおけるVREの発電電力量のシェアは約45%に、アイルランドとスペインでは約20%に増加した。2022年までに、中国、インド、米国などの大規模な電力システムでは、VREの導入率は倍増して10%を超えると予想されている。
- このような現状にもかかわらず、VREの統合についての議論は、<u>誤解、通説、更には誤った情報によって依然として歪められている</u>。
- VREの統合には電力貯蔵が前提条件であるとか、従来の発電機はVRE導入の拡大に伴い非常に大きなコスト増を強いられるなどと主張されることが多い。
- このような主張は、現実ではあるが、最終的には<u>管理可能な問題から意思決定者の注意を逸らす可能性があり</u>、これを放置すれば、VREの導入を中断させることにもなる。

　この文献も、NEDOによって日本語訳が公表されており、以下のウェブサイトから無料でダウンロードすることが可能です（https://www.nedo.go.jp/content/100879811.pdf）。ちなみにここで「VREの統合」とは、本書が対象とする系統連系と同義とお考えください。原語のintegrationはしばしば系統連系とも統合とも訳されます（後者の方がより広いイメージをもたらすかもしれません）。

　再エネの系統連系に関する海外文献はおびただしい数のものが公開されており、そのほとんどが日本語に翻訳されていませんが、幸い、本章であげた3つの文献はいずれも日本語に翻訳されています。再エネの系統連系問題の本質を語る上で重要な海外文献ですので、興味がある方はぜひ目を通しておくとよいと思います。特に文献[1.5]は「政策立案者、エネルギー関連省庁および規制機関のスタッフを対象として」（同文献p.9）と本文中に明記されているとおり、研究者や技術者向けの専門文書ではなく、必ずしもこの分野が専門でない方向けのわかりやすい解説書という形をとっています。今まで常識だと思っていた考え方や日本語でちま

たに流布している言説とは180度違うことが書かれており、世界と日本のギャップに驚く方も多いのではないかと思います。

　「系統連系問題」とは、文字通り、VREを電力システムにつなぐ（系統連系する・統合する）際に発生する諸問題です。もちろん、新しい技術であるVREを従来から培われてきた技術で構成された電力システムにつなぐ際には、全く問題がないというわけではありません。しかし、本章で例示した3つの文献を見ればわかるとおり、それらはある一定の段階までは問題がないと見なされていたり、あったとしても十分解決可能な問題であることがわかります。さらにその解決方法は決して技術的な解決だけでなく、法制度の改革などソフト的な解決手段の方が重要であることも強調されています。この点を見逃してはなりません。

1.2　世界における日本の立ち位置と「系統連系問題」の本質

　前節で引用した国際エネルギー機関 (IEA) の文献[1.5]では、VREの導入に関して直感的にわかりやすい分類を試みています。図1-2-1は、VREの導入に伴う技術的困難性によって「第1段階」から「第4段階」に各国・各エリアを分類し、発電電力量導入率（シェア）ごとに並べたマッピングです。

図1-2-1　IEAによるVRE導入率と統合段階の対応（2016年）

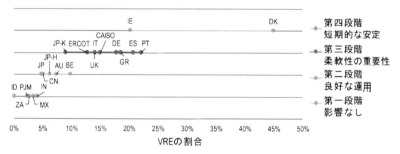

AT: オーストリア、AU: オーストラリア、BR: ブラジル、CL: チリ、CN: 中国、DE: ドイツ、DK: デンマーク、ES: スペイン、GR: ギリシャ、ID: インドネシア、IE: アイルランド、IN: インド、IT: イタリア、JP: 日本、JP-H: 北海道、JP-K: 九州、MX: メキシコ、NZ: ニュージーランド、PT: ポルトガル、SE: スウェーデン、UK: 英国、ZA: 南アフリカ、PJM: 米国東部の電力市場、CAISO: 米国カリフォルニア州の電力市場、ERCOT: 米国テキサス州の電力市場

VRE導入率のレベル感

　この図の中で、同じ導入率でも段階が異なるのは、その国の電力システムの環境が異なるからです。例えば、アイルランド (IE) はポルトガル (PT) より導入率が低いのに第4段階です。アイルランドは北海道と同じ

く他のエリアとは直流連系線でしか連系されていない孤立系統です（本シリーズ『電力システム編』参照）。それ故、アイルランドにおける系統運用はよりチャレンジングなものとなります。日本全体では2016年時点でVREの導入率は5%であったためようやく第2段階に到達したばかりの状態ですが、九州エリアだけに着目すると、2016年時点で既に10%近くに達しており、他のエリアへの連系線も関門連系線のみと連系容量が小さいため、ここでは第3段階に位置付けられています。

また、各段階の説明を表1-2-1にまとめます。この表によると、第1段階では「VRE発電はシステムレベルでは重要ではない」とはっきり書かれ、第2段階でも「システム運用者に感知されるようになる」程度であることがわかります。前述のとおり、日本はまだ第2段階にようやく昇格したばかりのレベルです。九州エリアは第3段階に突入しつつあり、「需給バランスの大幅な変動のため、柔軟性が重要になる」と指摘されています。ここで登場する**柔軟性**というキーワードはVREの系統連系問題を語る上で極めて重要なキーワードであり、本書でも3.7節で字数を割いて詳述します。

表1-2-1　各段階の説明

	属性（段階の進捗状況に応じて増す）			
	第一段階	第二段階	第三段階	第四段階
システムの観点からの特徴	VRE発電はシステムレベルでは重要ではない	VRE発電はシステム運用者に感知されるようになる	需給バランスの大幅な変動のため、柔軟性が重要になる	安定性が問題となる。VRE出力は、ある時間帯では需要と同程度となる
既設発電機へのインパクト	負荷と正味負荷の差は感知されない	不確実性と正味負荷の変動性は重大ではないが、VREが対応するため既設発電機の運転パターンに小さな変化がある	正味負荷の変動はより大きくなる。運用パターンに大きな変化があり、連続運転する発電所が減少する	24時間稼働する発電所はなく、すべての発電所がVREに対応すべく出力を調整する
送配電網へのインパクト	インパクトがあるとしても連系点近傍の限られた送配電網への影響	局所的な送配電網に影響を与え、送電網全般で潮流が変化し、混雑が発生する可能性がある	様々な場所の気象条件により送電網全体で潮流パターンが大幅に変化し、送電網と配電網の間で双方向の潮流が増加する	送配電網全般での増強と、外乱からの回復能力の強化が必要
課題の主要因	送配電網内の局所的条件	需要とVRE出力の一致	柔軟性を持つ資源の可用性	外乱に耐えるシステムの強靭さ

16

系統連系問題を論ずるにあたっては、全体俯瞰のために、この表1-2-1のようなVRE導入の各段階のレベル感を頭に入れておくことは重要です。

　同じく「レベル感」という点では、日本が今後何をどこまで目指すのか？ そしてそれは世界の中のどのような立ち位置にあるのか？ という点を今一度顧みることも重要です。図1-2-2(a)は日本の直近（2017年度）の電源構成（発電電力量ベース）を示したものですが、再エネは18%、うちVREに分類される風力と太陽光は合わせて6.4%に過ぎません。また、図1-2-2(b)は日本政府が公表する2030年の電源構成目標です。あと11年で再エネを22～24%に引き上げという目標を掲げていますが、うちVREはわずか8.7%に留まっています。

図1-2-2　日本の電源構成（発電電力量ベース）と将来目標

(a) 2017年度

(b) 2030年度目標

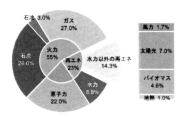

図1-2-3　IEAによる将来の電源構成（発電電力量ベース）シナリオ

(a) 2030年シナリオ

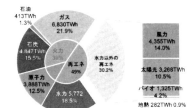

(b) 2040年シナリオ

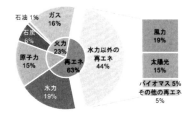

　一方、世界に目を転じると、国際エネルギー機関(IEA)が2018年末に発表した『エネルギー世界展望2018年版』によると、パリ協定に定められた2℃目標を達成するためのシナリオとして、電源構成における再エネの

導入率を2030年までに49%（うちVREは25%）、2040年までに63%（うちVREは34%）という値が提示されています（図1-2-3）。

この値は世界平均値です。再エネ導入や気候変動対策に熱心な国はその数値を上回る意欲的な目標や予想を立てているところもあります。例えば欧州では、産業界の送電連盟であるENTSO-Eが2030年に再エネ58%（うちVREは約45%）、2040年に81%（うちVREは約60%）というシナリオも複数シナリオの中の一つとして想定しています（図1-2-4）。送電会社の連盟は中立性があり、取り立てて再エネを積極的に推進する団体ではありませんが、それでも再エネ80%以上という数値が当たり前のように想定されているのが現在の世界の姿です。

図1-2-4　ENTSO-Eによる将来の電源構成（発電電力量ベース）シナリオ

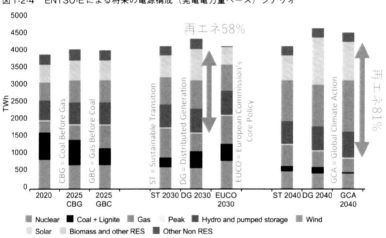

そのような国際情勢の中で、「世界平均」の半分以下という目標値は、国際世論から見れば「やる気がない」、「負け組」、「敗北宣言」とも解釈されかねませんし、そのように見られても強く反論できる立場ではなくなってしまいます。これで日本のエネルギー産業や環境技術産業が世界市場に打って出られるでしょうか？　日本は「技術立国」や「環境立国」の看板を掲げ続けることができるでしょうか？

この世界情勢の中での「レベル感」を今流行りのネットゲームに例えていうなら、風力発電の大量導入が進むデンマークはレベル45のダント

ツの最強プレーヤーであり、攻略すべき対象や持つべきアイテムもそれ相応のチャレンジングで高度なものになります。ナンバー2のアイルランド（レベル20）も、独特の戦い方で他の仲間からも一目置かれており健闘しています。そして彼らは近い将来、レベル60を本気で目指しています。対して日本はレベル5でようやく初心者村から抜け出た段階の駆け出しプレーヤーです。レベル20や45の強者と同じ装備やクエストを望んでもそれは不相応でしかありません。もちろん将来高いレベルを目指して今から用意周到に作戦を立ててトレーニングを積んでおく…という心構えであれば天晴れですが、日本政府が公式に掲げている2030年再エネ導入目標はわずか22～24%に過ぎず、そのうちVREは10%未満しかありません。「当面レベル10くらいでいいや」と思っているレベル6のプレーヤーが、近い将来レベル60を目指すプレーヤー（現在レベル20～40）と同じ高価な装備やアイテムを無理に身につけようとし、なぜか分不相応なクエストばかりを受け、そして重課金の割に満足にクエも達成できずなかなかレベルも上がらない…、という状況が日本の「系統連系問題」の最たる「問題」だということができます。

「系統連系問題」を解決するためには

　以上のような国際的議論の歴史的進展と世界の中の日本の立ち位置を俯瞰すると、日本の「情報鎖国」の実態が改めて浮き彫りになります。すなわち、国際的な議論では、既に10年近くも前に「電力需要の20%までを占めることができる」という主張があり、その数値も技術や政策の進歩により年々上昇してきたにも関わらず、その一方で直近（2017年度）のVRE導入率はわずか6.4%にすぎないレベル（すなわち第2段階）の日本で、「系統連系問題」が未だ大きな問題となっている、という状況です。

　まさに、文献[1.5]で述べられたように、「誤解、通説、更には誤った情報によって依然として歪められている」、「管理可能な問題から意思決定者の注意を逸らす可能性があり、これを放置すれば、VREの導入を中断させることにもなる」という状況が現実に起こっているのが、現在の日

本の姿であるともいえます。解決しなければならないのは技術的課題ではなく、制度設計や人々のマインドセットです。そして、研究者や技術者、政策決定者、ジャーナリストを含め多くの人がそのことに気が付いていないという点が、さらに問題を深刻化させています。これこそが、グローバルな視座から見た、日本の「系統連系問題」の本質的な問題点であるといえるでしょう。

系統連系問題に関する言説（もしくはマインドセット）を日本と海外で対比すると、以下のようにまとめることができるでしょう。

- **日本**：系統連系問題は新規接続するVRE側に起因する問題であり、技術的に解決しない限り、大量のVREの系統連系は難しい。
- **海外**：系統連系問題は受け入れ側の電力システムの運用に関する問題であり、大量のVREを受け入れるには、制度設計を見直す必要がある。

このような内外の認識ギャップをまず頭に入れながら、以下の章では「系統連系問題」がなぜ日本で必要以上に問題視されているのかについて、複雑に絡み合った糸を解きほぐしていきます。第2章で「古い時代の古い考え方」の技術的・制度的構造を明らかにし、第3章で具体的な解決に向けた「新しい時代の新しい考え方」について紹介していくこととします。

2

第2章　古い時代の古い考え方を理解するための7つのキーワード

2.1　空容量

　本章では、新しいテクノロジーである変動性再生可能エネルギー（VRE）を電力システムにつなぐ際に、なぜさまざまな問題が発生するのか（あるいは解決可能な問題に対して「問題だ」と言い続けるのか）について考察するために、「古い時代の古い考え方」についてキーワードごとに紹介していきます。トップバッターは**空容量**です。

　さて、「空容量問題」は目下、日本で再エネ導入にあたっての最大の参入障壁といえます。まさに数ある「系統連系問題」の中のラスボス級です（トップバッターからラスボス級ですみません）。送電線空容量問題については、既に拙著『送電線は行列のできるガラガラのそば屋さん？』[2.1]や専門書[2.2]で詳しく解説しているので、詳細はそれらに譲るとして、ここでは本書のコンセプト（古い考え方と新しい考え方の対比）に従ってダイジェスト版的に解説していきます。

古い時代の古い「空容量」の考え方

　送電線空容量問題としては、固定価格買取制度(FIT)が始まって2年ほどした2014年頃にはいくつかの送電線で「空容量ゼロ」になったことが一般送配電事業者（当時は一般電気事業者）より発表され始めていました。これが本格的になったのは、2016年5月30日に東北電力から青森・秋田・岩手の3県の地域全域にわたって「空容量がゼロ」であることが発表され、再エネ業界に大激震が走ったことがきっかけです。「空容量がゼロ」の地域に新規電源（その多くが再エネ）を接続しようとする場合、送電線の増強工事が必要なため、表2-1-1の例に示すとおり、数年～十数

年間の接続遅延と数億〜数百億円もの工事負担金が求められるケースが出てくるようになりました。

表2-1-1 高額な工事負担金の例

場所	容量 [kW]	負担金 [億円]	kWあたり単価 [万円/kW]	工期
東日本	1,940	558.8	2,800.7	19年0ヶ月
東日本	165	21.2	1,286.6	6年0ヶ月
西日本	1,940	42.0	216.5	5年2ヶ月
西日本	1,115	22.5	202.3	14年6ヶ月
東日本	1,115	4.5	41.0	2年0ヶ月
東日本	1,940	7.4	38.6	1年4ヶ月
東日本	1,900	4.0	21.3	2年11ヶ月
東日本	1,115	1.3	12.1	1年7ヶ月
西日本	1,940	1.4	7.5	2年0ヶ月

その後、筆者らが全国の基幹送電線（主に500kVや275kVなどの上位系統）の公開データを用いて利用率を分析し公表したところ、統計データ上の利用率は低いことが判明し、多くのメディアで社会問題として取り上げられ、一般にも知られるようになりました。

図2-1-1 空容量ゼロとされた送電線の潮流実績および運用容量の時系列グラフ例

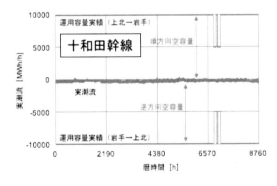

図2-1-1はある一般送配電事業者が「空容量ゼロ」であると公表した送電線のその当時の直近1年間の実潮流の時系列グラフです。図の実線で

第2章 古い時代の古い考え方を理解するための7つのキーワード

描かれた曲線が実潮流（実際に流れた電力）の1年間観測波形であり、点線で描かれた直線が運用容量（「ここまでは安全に流せます」という指標）を示しています。

この図の例では、運用容量が10,000MW（1,000万kW）程度あるのに対し、実潮流の年間平均値は2.0%、一番大きくなった時でも8.5%しかありません。それでも「空容量はゼロ」と電力会社からは公表されています。

また、筆者らが公開されたデータに基づいて一般送配電事業者の基幹送電線（電圧上位2階級）全398線路の利用率を算出したところ、図2-1-2のような結果が得られました。この図は一般送配電事業者ごとの平均値をとったものですが、各社とも10〜20%台に止まっており、残りの約8割は年間を通して空いていることがわかりました。

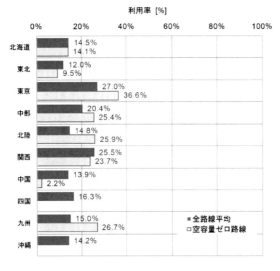

図2-1-2　送電線利用率の会社ごとの平均値

なぜ、このような状態なのに「空容量ゼロ」だと一般送配電事業者から公表されるのでしょうか？　SNSや一部のメディアなどでは「電力会社はウソをついている！」という主張もありましたが、筆者らが調査・分析した中で明らかになったことは、一般送配電事業者（電力会社）が特段虚偽の主張しているわけではなく、<u>単純に「空容量」の計算方法が「古</u>

い時代の古い考え方」を用いていることから問題が発生しているということでした。

　一般送配電事業者から公表されている「空容量」の計算方法は、空容量問題がクローズアップされたその当時も本書執筆時点の現在も、明示的には公表されていませんが、対象となる送電線に接続された発電所の設備容量の総和（もしくはそれを若干補正したもの）で決定されていると推測されます。例えていうなら、あるパイプの先につながっているポンプ10台の最大出力を足していって、11台目のポンプをつなごうとするとそのパイプが壊れるので11台目はご遠慮ください（パイプを太くするためのお金を払えばつなぐことはできます）、という考え方です。

　この考え方を色濃く（ある意味正直に）表しているのが図2-1-3のような「説明図」です。この図は経済産業省から公表されたものですが、随所に「古い時代の古い考え方」が見てとれます。

図2-1-3　経済産業省による送電線のイメージの説明

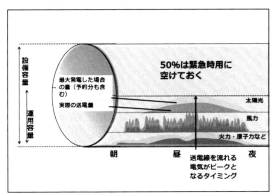

　この図では「送電線を流れる電気がピークとなるタイミング」と図中説明文が書かれており、太陽光、風力、火力・原子力などがあたかも同時にピークをとるかのような図示がなされています。このような状況はしばしば「最過酷断面」と表現されますが、現実には太陽がカンカンに照って太陽光の出力がピークを迎える時期（真夏の日中）に冬の嵐のような風が吹いて風力発電の出力が最大となることは気象学的にはほとん

どありえませんし、そもそもそのような時間帯は火力の出力も絞っています。コンピュータが非力で大規模高速計算が困難だった昭和の時代であれば、安全率を見込んで粗い簡易計算で済ませるということはあったかもしれませんが、コンピュータも高速になりIT技術が発達した21世紀においては、もはや「古い時代の古い考え方」でしかありません。さらにこの図には描かれていませんが、空容量の計算には何年も稼働していなかったり、現在建設が凍結されていたりする原子力発電所がフル稼働で運転するという想定も入っている可能性があります。

　問題は「ポンプの性能上の最大出力」を超えたから、ではなく、時事刻々と出力が変化する各ポンプの出力合計値が、年間を通してどのように変動するか、です。実は筆者が調査した図2-1-1は、その考え方をベースに波形を図示したものに過ぎません。

　余談ですが、図2-1-3の「50%は緊急時用に空けておく」という表現もとても誤解を招きやすく、問題となる表現です。案の定、SNSなどではこの表現を自由に自己解釈して科学技術に基づかない空想論を展開する主張も多く見受けられました。

　図の中で設備容量と運用容量という言葉が登場しますが、簡単にいうと前者は「物理的に決まる安全限界」、後者は「その時々の運用の仕方によってルール上定められる安全基準」と理解すればいいでしょう。もちろん、前者より後者の方が低い値をとりますが、日本中の（あるいは世界中の）全ての送電線で必ず「運用容量は設備容量の50%」と決まっているわけではありません。

　50%という数値がどこから出てきたかというと、A地域からB地域に電気を送る際に送電ルートが1線路しかない場合にそのような答が出てくるだけであって、電気工学科の演習問題などで手計算で解ける程度の単純化されたケースに過ぎません（筆者も前の職場ではそのような講義を受け持っていました）。A地域からB地域に電気を送る際に他のルートがあったり周辺にC地域やD地域があったりすれば、計算ははるかに複雑になります。図2-1-3は「50%は緊急時用に空けておく」という表現は決して誤りではないものの、一般の人にはとても誤解を招きやすい表現

であるといえます。

　実際、筆者が公開データを用いて各電力会社の基幹送電線の設備容量に対する運用容量の比率を集計したところ、ループ状の系統構成になっている東京電力ではエリア平均で70％を超える値となっていました[2,3]。つまり空けておくのは平均で30％未満です。経産省の公表した「50％は緊急時用に空けておく」は今やすっかり有名になって世の中に拡散していますが、「現実には平均で30％程度しか空けていないエリアもある」という事実は一般にはあまり広く知られていません。

　さらに重要な点は、図2-1-2で筆者が示した<u>10〜20％台という低い利用率は、設備容量でなく運用容量を基準に計算されている</u>ことです。仮に、運用容量でなく設備容量を基準に計算したとすると（その計算はあまり意味がないですが）、利用率はさらにずっと低くなります。

　電力システム全体の安全性（電力の安定供給）を維持するために、(50％とまではいかなくても) ある程度空けておかなければならないのは、工学的冗長性の観点から当然です。しかし、「空けておかなければならない」余裕分を取り除いたとしてもなお、現実的に送電線は空いているのです。

新しい時代の新しい「空容量」の考え方

　以上のように、これまで一般送配電事業者が公表してきた「空容量」は、単純に「古い時代の古い考え方」で算出されています。このため現実にはほとんどありえない状況を前提にして容易に「空容量ゼロ」と算出されてしまうことがわかりました。

　それでは、「新しい時代の新しい考え方」に基づく「空容量」はあるのでしょうか？ 答は簡単で、「Yes」です。しかも、日本でも電力広域的運営推進機関（以下、広域機関）という中立機関から既にその考え方が公表されています。

　図2-1-4は新しい「空容量」の算出方法を図示したもので、広域機関の諸資料を元に筆者が整理してわかりやすくアレンジしたものです。横軸は時間です。図2-1-3で設備容量と運用容量の2つの限界基準があるとい

うことが示されましたが、この図でもそれと同じように書かれています。違うのは、運用容量は時間によって（送電線の保守・点検工事や別ルートの送電線・発電所の状況により）時々刻々と変化することです。**実潮流 physical flow**（実際に流れる電力のこと。電力の流れは電力工学用語で「潮流」と表現されます）も需要や発電状況によって時々刻々と変わります。本来の「空容量」とは、単純に運用容量から実潮流を引いたもので、しかもその値は時々刻々と変化するものです。

　この「時々刻々と変化する」ということを押さえておくことが重要です。このような時々刻々と変化するものを計算することは動的解析（ダイナミックシミュレーション）とも呼ばれます。それに対して、ある特定の時間断面のみだけに着目したり、本来変化するものを一定と仮定するなどした計算は、静的（スタティック）な計算と呼ばれます。コンピュータが非力だった昔の時代は静的な簡易計算しかできなかったかもしれませんが、21世紀の現在は動的解析が主流です。現在世界各国の送電会社では、24時間365日の各時間ごとに（あるいはもっと細かく数分ごとに）電力システム全体を模擬したコンピュータシミュレーションを実行し、その時間ごとの気象条件や需要の予測を入力する詳細計算を行っています（日本の一般送配電事業者も当然ながら内部ではそのような計算は行っています）。

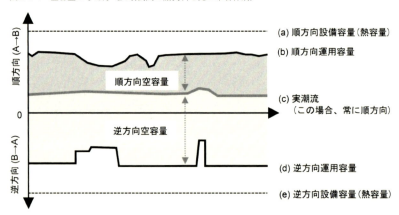

図2-1-4　空容量の考え方（広域機関の諸資料を元に筆者作成）

そして筆者らが空容量の検証で用いた図2-1-1は、実は上記の図2-1-4と同じ考え方で描いた図なのです。筆者らが計算した送電線の「利用率」を100％から引いた値は、図2-1-4の時々刻々と変化する本来の意味での「空容量」の年間平均値の割合とほぼ等しくなります。

　一般送配電事業者が「空容量ゼロ」だと主張し、筆者らが「送電線は空いている」と主張するとき、なぜそこに主張の違いが発生するかというと、どちらかが嘘をついているとかどちらかが間違っているという単純な二元論的対立ではありません。単純に「空容量」の定義や計算方法が異なるためです。その違いは計算方法が静的か動的かという違いに過ぎません。そして、筆者らは新しい時代の新しい考え方に基づいて（さらには広域機関という中立性の高い機関が公表する定義や方法論に基づいて）動的な時間変化も考慮した上で計算・分析を行っています。

　余談ですが、二者の意見が異なるときに、どちらかが嘘をついているとかどちらかが間違っているという安易な二元論的価値判断を下したがる風潮があるようですが、それは科学についての議論をしているかのように見えて、決して科学的手法に則った議論とはいえません。共通の同じ情報に基づいているか、言葉の定義が違うのか、モデリングや計算手法が異なるのかなど、なぜ結果が異なるのか原因を追及するのが科学的手法です。多くの大人が、「科学的手法とは何か」を忘れてしまっているようです。

　さて、図2-1-4では、もう一つ重要な情報が示されています。送電線は順方向（A地域からB地域へ）と逆方向（B地域からA地域へ）と電力の潮流を両方向流すことができます。図では順方向のみしか流れていない例を示していますが、その場合、順方向の空容量が少なくなるものの、逆方向の空容量がむしろ増えることがわかります。

　つまり、ある送電線の順方向が（静的な計算により）「空容量ゼロ」だと判断されても逆方向の（動的な計算による）空容量は余裕がある可能性もあります。従来の古典的な電力システムでは、電力潮流は発電所のある地域（いわゆる上流側）から需要のある地域（いわゆる下流側）に向かって一方向に流れることが前提で設計・運用されていましたが（た

だしループ状の場合は若干複雑になります）、再エネなど小規模分散型電源は「下流側」にもたくさん接続され、潮流は場合によっては「上流側」にさかのぼることもあります。そのような場合、「空容量ゼロ」だと判断された送電線の逆方向側に分散型電源を接続することは、空容量の解消に役立つ可能性もあるのです。

　残念なことに、現在、一般送配電事業者が公表している送電線の「空容量」は順方向・逆方向の別が明示されておらず、どちらの方向の「空容量」がゼロなのかわからない状態です。せっかく広域機関が公開している会社間連系線や地内送電線の実潮流情報は、

① 30分ごとの動的なデータが公開されている
② 順方向・逆方向の別が公開されている

という状況になっているにも関わらず、一般送配電事業者が各社ウェブページで公開する「空容量」マップは、

①' 静的な計算によって算出された（と推測される）結果だけが公表されている
②' 順方向・逆方向の別が公開されていない

という真逆といっていいほどの根本的な違いがあります。この点は筆者も既に文献[2.1]で指摘したとおり、情報の開示性や透明性の不足が根本的な問題であり、決して技術的に解決不能な問題が原因というわけではないのです。

　さらに、①'、②'の結果を以て新規電源の接続の可否や送電線増強費の請求の有無が判断される、ということも看過できません。本来の動的な「空容量」とは、時々刻々と変化する送電線の運用に対して使われる用語であり、電源計画や接続契約に使われる用語ではありません。古い時代の古い考え方である静的な「空容量」を使う故に、系統運用と電源計画の2つの異なるタイムスケールが混同され、意図的に理論がすり替えら

れたということもできます。これも透明性の問題、さらにいうと意思決定の過程における不透明性が問題であるといえます。

　さて、本節では古い時代の古い考え方に立った「空容量」と新しい時代の新しい考えに基づいた「空容量」について、その違いを比較しながら空容量問題について振り返ってみました。すなわち、前者は「静的な簡易計算に過ぎず、潮流方向も開示されていないこと」、後者は「運用容量や実潮流の時間変化も考慮した動的な詳細解析に基づくこと」を示しました。ここで「実潮流」という重要なキーワードがさりげなく登場しましたので、このキーワードについては本節の対となる3.1節で改めて詳しく紹介することにします。

2.2 ノンファーム

　前節で紹介したとおり、送電線空容量問題が現在の日本で問題となっており、経済産業省や電力広域的運営推進機関（広域機関）もこの問題を打開すべくいくつかの試みを進めています。それが「日本版コネクト＆マネージ」といわれる対策です。コネクト＆マネージとは、英国などで採用されている新規電源の接続ルールのことで、簡単にいうと「まず接続して、それからうまく管理する」というほどの意味です。

　本節ではその中で提案された一手法である**ノンファーム non-firm**について詳しく解説します。空容量問題を緩和するために経産省や広域機関が進める手法なので、本来「新しい時代の新しい考え方」に分類されるべきなのですが、本書であえて「古い時代の古い考え方」に分類しているのには理由があります。それは、日本では本来セットになるはずの**ファーム firm**の存在がすっかり忘れ去られており、新規電源にノンファームだけが導入されようとしているからです。

ノンファームは一歩前進、だが…

　図2-2-1に広域機関から提案された日本版コネクト＆マネージの概念図を示します。この日本版コネクト＆マネージでは、①想定潮流の合理化、②N-1電制の適用、③ノンファーム型接続の導入、が具体的に取りうる3つの対策として挙げられています。

　簡単にいうと、①は2.1節前半で述べた単純な設備容量積み上げ方式の静的な「空容量」の計算ではなく、もう少し工夫をすること（ただし、24時間×365日のデータを用いた動的なシミュレーションをするかどうか

は不明)、②は雷などの系統事故時に特定の電源の出力を瞬時に制限することで、平時の運用容量(安全を見込んだルール上の上限)をもう少し上げること、を意味します(専門的には説明が複雑で長くなるのでここでは省略)。

　最後の③が本節で取り上げるノンファームの導入であり、広域機関の説明では、「導入により系統の空容量が利用しやすく」なるとのことです。図2-2-1を見ると想定潮流の時系列波形が描かれており、「空容量」が時々刻々と変化している様子が見てとれるので、確かにこの考え方は、2.1節後半で述べた動的な詳細計算による「空容量」の考え方に基づいており、一歩前進だといえます。

図2-2-1　日本版コネクト＆マネージの概念

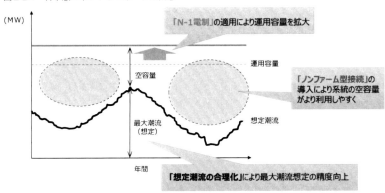

　しかしながら、ここで素朴な疑問が湧き上がります。そもそもノンファームというあまり聞きなれないカタカナ用語は何を意味するのでしょうか？ 「ノン」という接頭辞がついているので、「ノン」ではない単なる「ファーム」はあるのでしょうか？ ファームって、farm？ firm？ 筆者もインタビューを受ける際に、このような質問をよくされます。

本来、ファームとノンファームはセット

　答を言うと、単純に、ノンファームの反対語はファームです。そして英語ではnon-firmとfirmであり、この用語に対する日本語訳として「非

確定」、「確定」と訳す資料もあります。

　送電網は物理的に限りがあるため好きなだけ無尽蔵に使えるわけではないので、混雑が発生した場合は交通整理が必要です。そこで、送電混雑が発生した場合でも発電所の計画停止がなく優先的に送電線が利用できる契約をファーム（確定型）、送電混雑が発生した場合に計画変更や出力停止の指示を受ける可能性があるのがノンファーム（非確定型）、と<u>2つの取りうる選択肢を設定することができます</u>。

　例えば、電気学会から2005年の段階で発行された『競争環境下の新しい系統運用技術』という技術報告書[2.4]では、米国のファームとノンファームについて下記のように説明しています（下線部は筆者による）。

- 送電サービスは、Firm（確定）またはNon-Firm（非確定）に区分する考え方もある。
  米国NERC（筆者注：北米信頼度協議会）は、Firm送電サービス（Firm Transmission Services）を<u>「計画停止が無く正式に提出された料金体系の元で、顧客に提供される最上級（優先順位）サービス」</u>と、Non-firm送電サービス（Non-Firm Transmission Services）を<u>「利用可能な範囲で予約されるが、削除または停止を受ける場合がある送電サービス」</u>と定義している。

　また、広域機関自身も2019年に海外調査報告書を公表しており[2.5]、その中で米国のファームとノンファームについて以下のように記述しています。

- 地点間送電サービスには、<u>送電の優先度の高さによって</u>ファーム地点間送電サービス (Firm Point-to-point Transmission Service) とノンファーム地点間送電サービス (Non-firm Point-to-point Transmission Service) に区分される[訳注]。ファーム地点間送電サービスでは、予約した容量につきkW単位で<u>年間</u>、月間、週間、1日あたり基本料金が、ノンファーム地点間送電サービスでは、kW単価で月間、週

間、1日、1時間当たりの料金が設定されている。
- 原注：米国の送電サービスにおけるファーム／ノンファームは、地点間送電サービスが抑制を受ける場合の優先度の相違に対応する概念であり、日本のファーム／ノンファームとは異なる概念である。

　このようにファームとノンファームの原型は元々米国の送電サービス利用のルールであり、それに関して数は少ないながらも上に引用したように日本語で解説する資料もいくつか見られます。しかしこれらの日本語資料では、残念ながら肝心なことが書かれていません。それは、本来、ファームとノンファームは選択制であり、利用者はどちらを選ぶことも可能であるということです。
　米国のファーム／ノンファームを定めた文書は、1996年（20年以上も前！）に制定された連邦エネルギー規制委員会 (FERC) のオーダー888『公益電気事業者によるオープンアクセスで非差別的な送電サービスを通じた小売競争の促進』という規制文書[2.6]までさかのぼるのですが、そこには以下のように記載されています（筆者仮訳。下線部は筆者）。

- 全ての公営電気事業者は、非差別的なオープンアクセスの原則に基づいて、提案された規則および添付の附録料金表に従って、ファームおよびノンファーム地点間送電サービス、およびファームネットワーク送電サービスの両者を提供しなければならない。

　また、ファーム／ノンファームのルールを採用する米国の送電機関は複数存在しますが、例えば米国東部のニューヨーク独立送電系統運用機関 (NYISO) の『市場参加者向け利用ガイド』[2.7]では、以下のように書かれています（筆者仮訳。下線部は筆者）。

- 相対（あいたい）契約を結ぶ市場プレーヤーは、要求する電力量を確実に輸送するために混雑料金を支払うことに同意するファー

第2章　古い時代の古い考え方を理解するための7つのキーワード　35

ム地点間取引として入札する選択をしてもよい。あるいは、混雑料金を支払いたくないなど混雑がない場合にのみ計画された電力輸送を受け入れることを意味するノンファーム地点間取引に参加してもよい。

以上のコンセプトをまとめると以下のようになります。

① 本来、送電サービスは非差別的である（差別してはならない）
② ファームとノンファームは利用者の方で選択可能である
③ ファームは確実に輸送できる代わりに送電混雑が発生した場合は、追加で混雑料金を支払わねばならい
④ ノンファームは輸送できない場合があるが混雑料金を支払わなくてもよい

「送電サービス」とは日本の「託送」に相当しますが、米国の電力自由化・発送電分離が進んだ地域では（欧州でも）送電網は中立的であり、そもそも日本の託送のように「本来A社がもっている設備を委託して使わせてもらう」という発想ではありません。誰に対しても中立で**非差別的 non-discriminate**です（非差別の発想はとても重要な概念なので、このキーワードは3.3節で改めて述べます）。オープンアクセスで非差別で機会は均等で、あとはプレーヤーが③を取るか④を選択するかは各自リスクと利益を読み合いながら自己責任で判断する、というのはなんとも米国らしいやり方です。

日本版コネクト＆マネージにおけるノンファーム

以上のように、元々のオリジナルである米国のファーム／ノンファームの基本コンセプトを押さえた上で、再度、日本版コネクト＆マネージにおける「ノンファーム」を見ていきましょう。

広域機関のウェブサイトによると、「ノンファーム型接続」とは、図

2-2-2のような説明図とともに、以下のように解説されています。

- 平常時、運用容量超過が予想される場合には出力抑制することを前提に、設備増強をせずに新規電源を系統に接続し、空容量の範囲内で運転できるようにする取り組みです。広域機関では、「ノンファーム型接続」の早期実現を目指し検討を行っています。
- ※「ファーム電源」：平常時の出力抑制がないように、十分な設備形成をした上で系統に接続した電源

図2-2-2　ノンファーム型接続の説明図

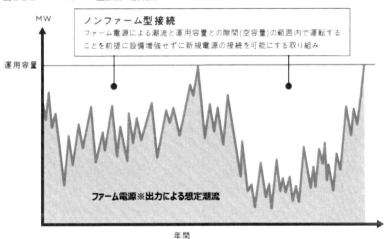

　ここで問題なのは、新規電源（ほとんどが再エネ電源）が接続を申請する場合は必ずノンファーム型接続となり、出力抑制の可能性がある一方、既存電源はファーム電源として「想定潮流」のうちにカウントされ優遇されることです。そして、新規電源はファーム型接続を選ぶこともできず、非差別性が担保されているとは到底いえません。前述の①～④のコンセプトとはだいぶ乖離があるようです。

　前述の広域機関の海外調査報告書[2.5]では、米国だけでなく英国やアイルランドのファーム／ノンファームのルールにも言及しています。ア

イルランドのルールは米国のそれとは異なり、「系統増強を前提とした暫定的な制度」（同書p.55）であり、系統増強工事が間に合わず出力抑制があった場合に金銭的補償が受け取れるか否かの金銭的な契約上のルールです。系統増強が完了すればファーム電源となり補償を受け取ることができます。同報告書に「日本で定義されているノンファームアクセスとは異なる」（同書p.55）とも書かれているとおり、日本版ノンファームは、先行事例と同じ言葉を使っていても、特に非差別性の観点からコンセプトが大きく違います。これでは、「名前だけ借りてきただけ」、「仏つくって魂入れず」と言われても仕方ありません。

　本節冒頭で述べたとおり、広域機関が提案するノンファーム型接続は、2.1節後半で述べた動的な詳細計算による「空容量」の考え方に基づいており、確かに一歩前進だといえます。しかし、<u>せっかくノンファームという用語を先行事例から借りてきたはずなのに、オリジナルの新しい時代の新しい考え方に基づくコンセプト（非差別性、選択可能性）がすっぽりと抜け落ちており、依然「古い時代の古い考え方」を踏襲している</u>といえます。ノンファーム型接続を含む日本版コネクト＆マネージは、現在の空容量問題を緩和する解決策の一つとして確実に効果はあるでしょうが、あくまで暫定的な対策に過ぎず抜本的解決策ではないこと、これがゴールでは決してないということに注意すべきです。

2.3 先着優先

　前節で分析したとおり、「日本版」のノンファームの根底にあるのは、「ファーム電源」としてあらかじめ位置付けられた既存電源の優遇に過ぎません。送電線の新規利用者にとって、ファームとノンファームが自由に選択できず、出力抑制される可能性があるという不利な条件を渋々飲まないと接続させてもらえないという選択のできない状況であるのは変わりありません。一方、既存電源は最初からファーム電源の権利が与えられており、混雑が発生しても混雑料金を負担するなどのリスクはありません。この考え方は**先着優先 first-come-first-served**というコンセプトにも通じます。

先着優先という名の既存電源優遇

　先着優先の考え方は、例えば現在の電力広域的運営推進機関（広域機関）の前身に相当する電力系統利用協議会 (ESCJ)（2015年3月に解散）が2013年当時発行した『電力系統利用協議会ルール』（第29回改訂版）[2.8]では、以下のように定められていました。

- 連系線等の利用にあたっては、公平性・透明性の確保の観点から、以下を原則とする。
  - 先着優先(first-come-first-served)
  - 空おさえの禁止(use-it-or-lose-it)
- 容量登録および容量確保段階の先着優先の原則を適用し、登録時刻がより遅い連系線等の利用潮流から抑制する。

- 認定を受けた既存契約等による利用潮流は、先着優先の原則から、連系線等の新規利用潮流の抑制後に抑制する。

この考え方は後身にあたる広域機関の『業務規程』にも引き継がれ、2017年9月時点（9月6日変更版[2.9]）では以下のように規定されていました。

- （連系線の管理の原則）
  第125条　本機関は、連系線の管理を行うに当たっては、次の各号を原則とする。
  一　先着優先　連系線の利用において、先に受理した計画を後から受理した計画より優先して扱うこと
  二　空おさえの禁止　連系線の利用の計画段階において、実際に利用することが合理的に見込まれる量を超えて連系線の容量を確保する行為（以下「空おさえ」という。）を禁止すること

図2-3-1に広域機関による先着優先と空おさえの禁止の概念図を示します。また図2-3-2に連系線利用者による利用計画の更新の様子を示します。

図2-3-1　先着優先と空おさえの禁止の概念

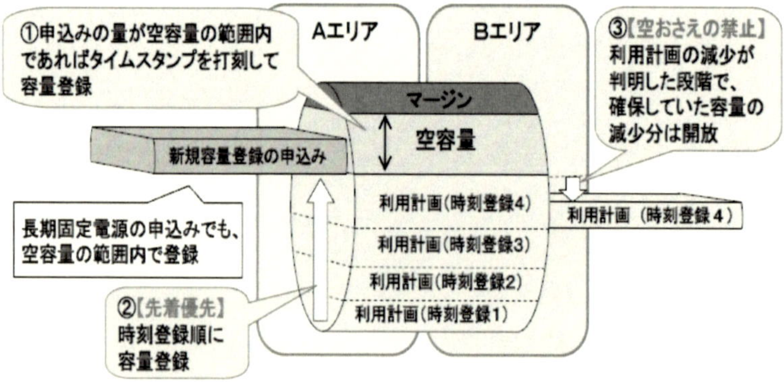

図2-3-2 連系線利用者による利用計画の更新の様子

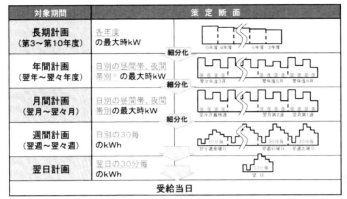

　先着優先の原則は一見して公平に見えますが（事実、ESCJは「公平性・透明性の確保の観点から」と明記しています）、既存設備に圧倒的に有利に働きます。なぜなら第一に、連系線利用計画の申し込みは実際に使う時間帯の10年前から申し込むことができるからです。これでは最近運転開始した発電所ほど不利になります。

　第二の理由としては、新規テクノロジーである再エネにとって結果的に不利に働きます。なぜなら、風力や太陽光などの変動性再生可能エネルギー (VRE) は1週間前や前日に正確に出力を予測することは困難ですが、1時間前や5分前でしたら誤差も相当小さくなり予測精度も向上するからです。

　天気予報で傘を持っていくかどうか判断する際に、週間予報より前日予報、前日予報より当日のピンポイント予報の方が圧倒的に信頼性が向上することは、多くの人が身をもって体験していることでしょう。コンピュータシミュレーションが発達して直前の数分前の天気予報（気象予測）の精度がどんなに向上したとしても、テレビ番組の準備の都合で2日前までの天気予報しか受け付けない、という硬直的なルールがあったとしたら最新の予測技術は宝の持ち腐れです。

　従来のルールである先着優先の原則は、あくまで20世紀型の電源同士では公平ですが、単純に21世紀型の新しいテクノロジーには対応してい

ないのです。新しい時代になって新しいテクノロジーが興隆してきたら、ルールを変えないと新しいテクノロジーに対応できないのはむしろ当然といえるでしょう。

　先着優先の打開策については、実は日本でも既に一部手を打たれていて、2018年10月1日から地域間連系線の運用ルールが変わり [2.10]、これまでの先着優先が廃止され、**間接オークション implicit auction**という方式に原則すべて移行しています。間接オークションに関しては、3.2節で詳しく取り上げます。

　送電線の利用に関するルールは、広域機関も経産省も問題意識をもっており、国全体で新しい時代に向け少しずつ進歩していますが、依然として古い時代の古い考え方を温存させるような抜け穴がいくつも存在します。新しい時代の新しい考え方を進めたいと思う人は（そして、公平性や透明性、非差別性を重んじる人は）、聞きなれない用語や一見複雑な見せかけの説明に惑わされず、理論や世界の先行事例を紐解きながら、何が本質かを見抜く必要があります。

2.4 原因者負担の原則

　再エネ電源に限らず、どのような電源でも新しい電源を電力系統に接続する場合には、多くの場合、系統側に何らかの対策が必要となりコストが発生します。特に風力や太陽光発電のように出力が自然条件によって変動する電源の場合、その変動を管理するための対策やコストが必然的に発生します。

　今までの発送電分離されていない垂直統合された電力システムでは、発電部門も送電部門も同じ会社が所有していたので、どちらがそのコストを負担するかはあまり大きな問題になりませんでした。しかし、電力自由化により発電会社が複数出てきたり、発送電分離が行われ発電部門と送電部門の経営が切り離されると、どちらがそのコストを負担するかという問題は非常に重要になります。

「原因者負担の原則」の落とし穴

　このように、新しい電源を接続しようとする場合に系統側で発生する対策は、誰が責務を負って誰がコストを支払うべきでしょうか？

　「え？ 新しく入ってくる人のせいでコストが発生するんだから、そのコストは新しい人に払ってもらうべきじゃないの？」と、考える人も多いかもしれません。その方が一見公平そうに見えます。実際日本では、風力や太陽光に蓄電池の併設が求められたり、系統増強コストの負担が請求されています。

　この考え方は**原因者負担の原則 causer-pays principle** と呼ばれています。例えば前節でも登場した電力系統利用協議会 (ESCJ)（2015年3

月に解散）が発行する「電力系統利用協議会ルール」では、以下のように書かれていました [2.11]。

- 需要家線における一般供給設備については、負担の公平性の観点等から、送電サービス契約電力を新たに設定もしくは増加することに伴い新たな供給設備を施設する場合、一般電気事業者の負担限度（託送料金で回収可能な平均的な設備コスト）を超えるものについて、当該契約者が負担するという「原因者負担」を原則とする。

この「原因者負担」という言葉は、環境汚染や公害の分野でよく用いられる用語です。すなわち、外部コスト（端的に言えば、何か問題ある行為によって発生したコスト）はその発生原因者が負担すべきであるという規範原則で、公害問題の場合は特に**汚染者負担の原則 PPP: Polluter Pays Principle**として知られています。例えば、ある会社が対策コストを怠って汚染物質（例えば水銀や放射性物質やCO_2）を環境に放出してしまった場合に、その会社が現状復帰や賠償などのコストを負うという考え方です。

しかし、再エネ電源は「汚染者」でしょうか？電力系統から見れば変動対策など余計な負担がかかるのは確かですが、化石燃料の消費とCO_2排出量の削減など、多くの便益があります。

新規技術を市場参入させる場合に、原因者＝新規参入者にコストを負担させるということは、一見公平なように見えて実は公平ではありません。なぜならば公平感を感じるのは既存ルールによる恩恵を甘受している既存プレーヤーだけであり、新規プレーヤーに対しては高い参入障壁になりやすいからです。

例えば、本シリーズ『電力システム編』第4章で紹介したような「凧揚げ方式」（ある電力会社が自社エリア外に発電所を建設し、そこまで長距離の送電線を敷設する方式）は1960〜1980年代に建設された大型水力や原子力発電で見られたケースですが、それらの発電所にまさに凧を揚

げたように見える長距離の送電線の建設費は発電所に明示的に請求されていません。従来型発電所には系統新設・増強費は不要で、これから建設される発電所には増強費が請求されるというのは、冷静に考えたら公平な話ではありません。

　また技術的に見ても、原因者負担の原則は原因者（特定の発電所）ごとに個別対応で解決することを求めることになり、全体最適設計ができず無駄に高いコストや過剰な技術が求められてしまう可能性があります。発電所併設蓄電池による平準化がその最たる例と言えます。

　蓄電池の例は、以下のように考えるとわかりやすいでしょう。例えば水を満たした小さなバケツ（変動性再エネ発電所）に石が放り込まれた（変動が発生した）ときに水が溢れないように波を抑えるのは相当な技術と相当なコストが必要となりますが、複数のバケツから注ぎ込む水を大きなプール（電力システム）に混ぜてしまえば、同じ石を投げ込んでも水面にさざ波は立つ程度で全体に与える影響は比較的小さくなります。プール全体で調整すれば比較的簡単なのに、あくまでバケツの方で個々に問題を解決しなさい、というのが原因者負担の原則に相当します。<u>発電所併設蓄電池の発想の根本には、「原因者負担の原則」の呪縛があるのです</u>。蓄電池については、2.7節においてその問題点を詳しく分析します。

接続料金問題

　「原因者負担の原則」の考え方は、接続料金問題に直接的に関係してきます。接続料金問題とは、「再生可能エネルギーなどの新規電源をある地点（具体的にはある変電所）に接続する際に、必要となる系統増強費を誰が支払うか？」という問題です。

　接続料金体系は、大きく以下の方式に分類できます。

- **ディープ方式**：新規電源接続の際、必要となる系統増強費用を発電会社が負担する。
- **シャロー方式**：新規電源接続の際、必要となる系統増強費用を送

電会社（欧州では系統運用者 (TSO)、日本では一般送配電事業社）が負担する

- **スーパーシャロー方式**：新規電源接続、必要となる系統増強費用だけでなく電源から系統に接続する電源線の費用も送電会社が負担する。
- **セミシャロー方式**：ディープ方式とシャロー方式の中間で、一定のルールに従って按分する。

図2-4-1にディープ方式とシャロー方式の概念図を示します。ここで、どの事業者が一時的にそのコストを負担するにしても、最終的にはそれは託送料金やFIT賦課金という形で最終消費者（≒国民）に転嫁される、ということが重要です。つまりコストを直接的に支払うのは誰かではなく、社会コストをどれだけ増やさずに最適配分し、再生可能エネルギーを最大限導入するか、が問題の本質です。

また、表2-4-1に、接続料金体系のメリット・デメリットをまとめたものを示します。ディープ方式は公平性の観点から問題点が多く、シャロー方式の方が再エネ導入を促進する上で有効であることも欧州の経験から明らかになっています[2.12]。このため、欧州のほとんどの国はシャロー方式（一部はセミシャロー）に移行しています。

図2-4-1　接続料金体系におけるディープ方式とシャロー方式

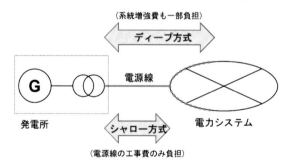

表2-4-1　新規電源の接続料金体系

	ディープ方式	シャロー方式
直接的負担者	発電会社	送電会社
メリット	・系統増強費を含めた需要家負担が低い地点から発電設備の立地が進む	・全ての系統利用者が系統増強費を等しく負担することができる ・限られた市場参加者が系統増強費を負担するケースよりも系統連系に関する障壁が下げられる
デメリット	・系統増強がどの新規電源に直接的に関連するのかを正確に決定することは困難 ・系統増強費が一旦支払われると、あとから接続する電源がフリーライダーとなる可能性がある	・系統増強費が安い地域に電源を建設するインセンティブがない
採用国	日本、チェコ、フィンランドなど	デンマーク、フランス、ドイツ、アイルランド、イタリア、オランダなど

　ディープ方式の場合、系統に十分な空容量がある場合は系統増強費は請求されませんが、先着順のため、これ以上接続すると系統増強費がかかることが判明すると、それ以降申し込んだ発電会社に高額の系統増強費が請求される可能性があり、事業の予見可能性に大きな影響を与えることになります。まさに日本の多くの新規参入者（その多くが再エネ電源）が現在直面している問題です。

　また、従来型電源が建設当時に系統増強費を明示的に支払っていないにも関わらず、新規再エネ電源には転嫁されやすいことも欠点として挙げられます。このことは、公平性や非差別性の考え方に反するだけでなく、新規テクノロジーの参入障壁となります。さらに事業リスクを無用に高めるため、再生可能エネルギーの見かけの発電コストやFIT買取価格を押し上げることになります。

　<u>ディープ方式の根本的な問題点は、発電事業者にとって予見性が低くリスクが高いことです。</u>あるエリアにこれから発電所を建設しようとする複数の事業者がいたとして、順番に接続申し込みを行った際に、どの時点で系統増強が必要な臨界点を超えるかは、発電事業者にとっては予

測は困難です。極端な話では、昨日受け付けた発電所は増強費はゼロだが、今日の申請からは数億円の増強費が発生する、というケースもありえます。ディープ方式はしばしば「ロシアンルーレット」とも揶揄され、ギャンブル性の高い方式とならざるを得ません。

　また、<u>ディープ方式のもう一つの問題点は、不公平性が必ず内在してしまうこと</u>です。例えば、ある送電線やその周辺エリア地域に将来どれだけ系統増強費がかかるかを予想し、その時点で接続申請している複数の発電会社で発電所規模ごとに按分すると、それは一見公平性があるように見えますが、送電線の完成後、あとから接続する発電会社はその増強された送電線を無料で利用することになります。つまりこれは、フリーライダー問題に発展します。

　既に系統増強費を支払った発電事業者にとっては、実際に負担すべき額以上の系統増強費を支払う可能性も高く、不公平感が残ります。次節2.5節で述べる**募集プロセス**と呼ばれる方法は、このような複数の発電会社に按分させる方法に相当します。このように、ディープ方式には本質的に不公平性が内在し、不確実性や予見困難性を軽減するどころか増大させ、投資上のリスクを押し上げるという欠点があります。

　電力自由化後の世界では電源は自由化部門なので、どれだけ電源が建設されるかは、不確実性があります。「電源の建設に不確実性があるのはけしからん！」という声も聞こえてきそうですが、政府がすべて計画するとしたらそれは計画経済＝社会主義に近くなります。資本主義経済における市場行動には不確実性があるのはむしろ当然で、その不確実性をいかに予測、コントロールし、公平で透明性の高いシステム設計・運用とするのかが21世紀の我々に問われている課題です。

　ただし一方のシャロー方式も万能ではなく、問題点が指摘されています。それは新規電源を系統に接続する際に発電会社は系統増強費を支払う必要がなく、送電会社も最終消費者に転嫁できるため、系統増強費を抑制するインセンティブが少なくなることです。その結果、空容量があり系統増強費をかけなくても容易に導入できる地域に再エネがなかなか入らなかったり、他回線に空容量があるにも関わらずある地域に電源が

集中して系統増強費が無駄に発生してしまう可能性が指摘されています[2.13]。

なお、日本ではFIT制度が2012年に施行されて以降、環境アセスメントの手続きが不要で施工期間が短い太陽光発電のみが九州や北海道などに集中し、他回線に空容量があるにも関わらずある地域に電源が集中してしまう現象が実際に起こってしまいました。事実上のディープ方式を採用していたにも関わらず、本来シャロー方式で起きる可能性が指摘されていた現象が発生してしまったのは、世界的に見ても奇異で稀少な例といえます。この問題はFIT制度（経済産業省所轄）と環境アセスメント（環境省所轄）、土地利用制度（国土交通省所轄）など複数の政策のミスマッチに起因すると考えられます。

いずれにせよ日本では、ディープ方式に期待される「系統増強費を含めた需要家負担が低い地点から発電設備の立地が進む」というメリットが有効に機能しなかった以上、これ以上ディープ方式を採用し続ける合理的な理由はほとんどないといえるでしょう。

転機となった2015年のエネ庁指針

日本でも電力系統の敷設・増強に係る費用負担ルールに関して議論が行われ、2015年11月には『発電設備の設置に伴う電力系統の増強及び事業者の費用負担の在り方に関する指針』が制定されましたが[2.14]、そこでは図2-4-2に示すように「特定負担」、「一般負担」という用語が用いられています。この2つの費用負担区分がディープ方式とシャロー方式にほぼ対応するものと解釈できます。

この指針（ガイドライン）では、それまでほぼ特定負担(すなわち新規発電事業者の全額負担＝ディープ方式)だった系統増強費が「原則一般負担」（シャロー方式）となり、公平性の観点からはまずは一歩前進です。しかし、当初よりこの指針には大きな抜け穴があることが指摘されていました。

確かにこの指針の制定により、これまで電源線以外全額特定負担だっ

た新規接続電源（図ではFIT電源）に一般負担が適用されるようになり、基幹系統は原則一般負担となりました。これにより、従来のディープ方式による不公平性や不透明性はかなり解消される結果となりましたが、依然として一般負担の「上限額」を設定したり費用負担の一部のみを一般負担とするなど、完全なシャロー方式に移行したとはいえず、公平で非差別的なルール策定の観点からは、抜け穴の存在を懸念せざるを得ません。むしろ、この指針により、一般送配電事業者が発電事業者に対して上位系統の系統増強費を転嫁する「お墨付き」が与えられた形となります。

図2-4-2　資源エネルギー庁の指針による一般負担と特定負担

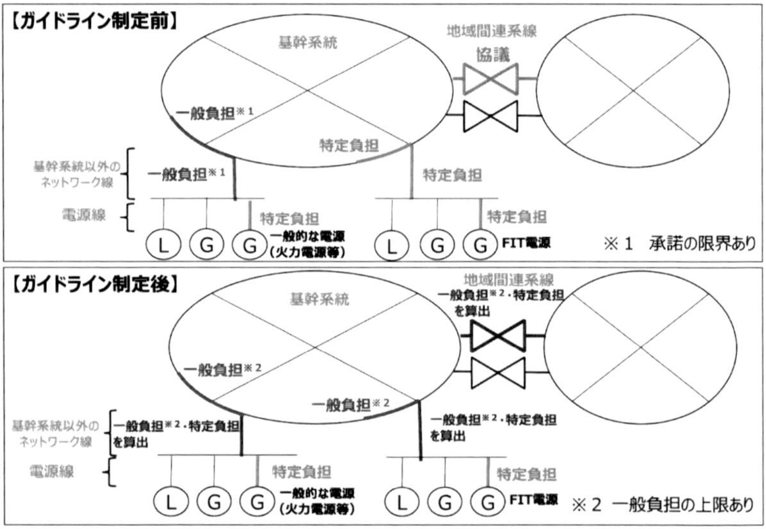

この指針の問題点は、「費用負担の在り方」そのものにあるのではなく、「なぜ基幹系統の増強工事が必要になるのか？」という増強工事の必要性や正当性に関してほとんど記述が見当たらないことです。2.1節で述べたとおり、「送電線（上位系統）が空いているか」、「空容量がゼロでないか」の判断基準は本来、動的で詳細な空容量の解析をしなければなりませんが、現在一般送配電事業者から公表される「空容量」の算出方法に動的な空容量で計算したと判断できる形跡はほとんど見当たらず、

静的な簡易計算で「空容量」が算出されている可能性が極めて濃厚です（唯一の例外として、一部新しい考え方を取り入れた「試行的取り組み」が発表されています。これについては3.1節で詳述）。

このような古い考え方に基づく「空容量」が計算され、それを元に「上位系統の増強工事が必要」と判断されたとしたら、それは決して合理性や技術的・経済的正当性があるとはいえません。つまり、<u>本来必要かどうかわからない増強工事を、本来転嫁すべきではない人たちに転嫁しているという構図を作り出してしまっている可能性があります</u>。

2.1節で再々述べたとおり、送電線空容量問題の本質は透明性の欠如です。上記の指針は、上位系統の増強工事が必要な場合にどのように費用分担するかについてのガイドラインを示していますが、肝心の「上位系統の増強工事は本当に必要か」のチェックはほとんど行われていないという点が、大きな抜け穴を発生させている原因ということになります。この問題は次節2.5節および本節の対となる3.4節で、改めて深掘りします。

「原因者負担の原則」は再エネ系統連系問題の根源

以上のように、技術的・経済的な観点から決して合理的とはいえないルールが日本においてまかり通っており、<u>再エネ導入の最大の障壁としての系統連系問題が解消されない根本的理由には、再エネという新規テクノロジーに対して「原因者負担の原則」が適用されているからだ</u>と筆者は見ています。

では、原因者負担の原則を改め、他のより良い原則はないのでしょうか？ 答は、あります。それは**受益者負担の原則 beneficiary-pay principle**と呼ばれるものです。受益者負担の原則については、本節と対になる3.4節にて詳しく述べますが、簡単にいうと、再エネの便益を受け取る受益者（ここでは電力消費者）が薄く広く負担しよう、という考え方です。

再エネには便益があります（本シリーズ『経済・政策編』第1章参照）。この便益という概念が日本ではなかなか浸透せず、再エネに便益がある

ということ自体がメディアやネットでもほとんど語られません（そのことを定量的に分析した論文[2.15]を筆者も公表しています）。もし再エネに便益があることを知らない人がいるとしたら、再エネは変動成分や余計な増強費をもたらす単なる厄介者にしか感じられず、公害や環境汚染と同じように原因者負担の原則が求められてしまうでしょう。再エネという新規テクノロジーに対して「原因者負担の原則」が適用されている原因の奥底には、再エネに便益があるという世界共通認識が日本では十分共有されていない、という科学コミュニケーションの問題でもあるのです。

2.5　募集プロセス

　募集プロセスとは、系統制約が発生し上位系統の増強工事が必要となった際に、一般送配電事業者もしくは電力広域的運営推進機関（広域機関）が電源接続案件を募るプロセスのことで、再エネ事業者の中では略して「募プロ」とも呼ばれています。広域機関のウェブサイト[2.16]によると、本書執筆時点（2019年8月末）で、東北電力管内13エリア、東京電力管内6エリア、中部電力管内1エリア、中国電力管内1エリア、四国電力管内1エリア、九州電力管内14エリア、計36件の募集プロセスが実施されています。

募集プロセスは何のためにあるのか？

　募集プロセスは、本来の意義としては、2.1節の表2-1-1の例で見たようにこれまで個別協議で多額の系統増強費が請求されていたものを、上位系統の増強工事が必要と判断された場合に、より広いエリアで複数の発電事業者を募集しその工事費を按分するという方法で、理想論的には効率的でリスク低減が期待される方法です。

　広域機関の『送配電等業務指針』[2.17]では、「工事費負担金」に関して以下のように書かれています（下線部筆者）。

- (発電設備等系統アクセス業務における工事費負担金)
  第106条　発電設備等の系統連系工事に要する工事費のうち、系統連系希望者が負担する工事費負担金の額は、次の各号の区分に応じ、決定する。

一　次号及び第3号に掲げる場合以外　電源線に係る費用に関する省令（平成16年12月20日経済産業省令第119号）及び費用負担ガイドラインに基づいて算出された金額
二　電源接続案件募集プロセスが成立した場合　電源接続案件募集プロセスに基づき決定された金額
三　本機関が、業務規程第59条に基づき受益者間の費用負担割合を決定した場合　同決定に基づいて算出された金額
2　一般送配電事業者は、前項第1号に基づく工事費負担金の具体的な算出方法について定め、公表する。

ここでは、工事費負担金（2.4節で述べたディープ方式料金に相当）の算出方法は他のガイドラインやプロセスなどに「外部リンク」されており、この指針自体は具体的な費用負担（例えば上限や分担比率など）や特に上位系統増強工事の妥当性の判断については定めていないことがわかります。

この送配電等業務指針第106条に登場する「費用負担ガイドライン」とは、前節で紹介した資源エネルギー庁の『発電設備の設置に伴う電力系統の増強及び事業者の費用負担の在り方に関する指針』[2.14]のことであり、この指針（ガイドライン）でも上位系統増強工事の妥当性の判断（つまに、何のために募集プロセスを実施する必要があるのか？）についてはほとんど言及されていないということは、前節で指摘したとおりです。

また、同じく送配電等業務指針第106条に登場する「電源接続案件募集プロセス」についての諸規定は、広域機関の『業務規程』[2.18]の中で、第3節「電源接続案件募集プロセス」（第75〜96条）として定められています。例えば第75条には電源接続案件募集プロセスの実施、第76条には電源接続案件募集プロセスの対象となる可能性がある系統連系工事が、以下のように定められています（下線部筆者）。

・　（電源接続案件募集プロセスの実施）
　　第75条　本機関は、特別高圧の送電系統（特別高圧と高圧を連

系する変圧器を含む。以下、この節において同じ。）の増強工事に関して、入札その他の公平性及び透明性が確保された手続によって、必要な工事費負担金を共同負担する系統連系希望者を募集する（以下「電源接続案件募集プロセス」という。）。

・（電源接続案件募集プロセスの対象となる可能性がある系統連系工事）

第76条 接続検討の回答において、電源接続案件募集プロセスに関する説明対象となる第72条第3項第2号に定める系統連系工事の規模は、次の各号を満たす系統連系工事とする。

一 系統連系希望者の工事費負担金対象となる系統連系工事に特別高圧の送電系統の増強工事が含まれること。

二 接続検討の回答における工事費負担金を接続検討の前提とした最大受電電力（ただし、既設の発電設備等の最大受電電力を増加させる場合は、最大受電電力の増加量）で除した額が、本機関の理事会が定める額を超えること。

2 本機関は前項第2号の額を公表するものとする。

ここで問題となるのが第75条および第76条に登場する「特別高圧の送電系統の増強工事」という部分です。特別高圧とは、7000Vを超える電圧を意味します。これらの条項により「特別高圧の送電系統の増強工事」が含まれると募集プロセスが実施されるようになるということがわかりましたが、この「特別高圧の送電系統の増強工事」がなぜどのような状況になったら必要になるかの基準までは、やはり『業務規程』自体には詳細に書かれていません。

不透明性が拭えない募集プロセス

この募集プロセスに関しては、依然として公平性や透明性の問題が指摘されています。例えば、いくつかのエリアでは募集プロセスの発端となる系統増強工事や新規発電事業者への増強費転嫁自体が疑問視されて

いるケースもあります。この点は、文献[2.19]が詳しい背景を紹介しながら「どうして大ループ化投資を再エネ事業者が負担するのか」と問題提起しています。ここでは重要な部分だけを以下に引用します（下線部は筆者）。

- 今回の募集プロセスの対象工事は、（中略）青森県から宮城県までの500kVルートと今回の計画と合わせると、500kVルートを中心とする管内大ループ化の完成に向けて大きく前進する。
  これにより、東北全体の系統が安定化し、再エネなど限界費用の低い供給力が増加し、卸価格が低下し、企業立地が促進されることが期待できる。インフラ整備効果であるが、これは幅広いメリットが期待されることから、送電会社の負担で建設し需要家から電気料金で回収するのが道理であろう。東北電力も「系統全体での効果が期待できる良い投資」との認識を持っている。前述のとおり、かねてより同社系統整備計画の根幹に位置付けられている。

ここで登場する「幅広いメリットが期待される」、「送電会社の負担で建設」、「需要家から電気料金で回収」という本来の考え方は、前節の最後に少しだけ登場した**受益者負担の原則**に相当します。すなわち、ここでまたしても、受益者負担の原則とは逆の原則、不自然な**原因者負担の原則**が問題の根底にあることが示唆されます。

このように募集プロセスは、①なぜ・どのように上位系統の増強工事が必要と判断されたのか？ ②なぜ新規電源に増強費用が（一部でも）転嫁されるのか？ が依然として不透明なまま、エネ庁指針や広域機関の送配電等業務指針、業務規程によって費用分担の方法だけが定められ、形式的なルールに従って淡々と進められている状態です。

このような不透明性・不公平性を再エネ発電事業者も強く感じているようで、例えば日本風力発電協会（JWPA）が2017年12月に経済産業省に提出した請願書[2.20]では、上記の募集プロセスのうち2件について「全体スケジュールを1年程度延長」を要望しています。その理由として、以

下のような理由や背景を説明しています（下線部筆者）。

- <u>系統増強の必要性の判断の在り方</u>（適切に判断するための基準・手法・プロセス等）を明確化すること
- 風力発電事業者は新法が定める手続きや内容と募集プロセスとの関係が整理・公開されない状況で、<u>多額の保証金差入れを伴う応札を余儀なくされる</u>ことになります

ここで登場する「新法」とは2018年11月30日に国会で成立した「海洋再生可能エネルギー発電設備の整備に係る海域の利用の促進に関する法律」（2019年4月1日施行）のことであり、同法が定める手続きや内容とは、整備促進区域の指定や公募占有計画の認定などを指します。

同様に、日本太陽光発電協会(JPEA)が実施したアンケート[2.21]（このアンケート自体はFIT入札に関するアンケートであることに留意）では、募集プロセスに関して下記のような意見が事業者から出されています。

- （筆者追記：FIT入札は）電源募集プロセスと併走するケースが多く、接続が予見できない状況で応札できない。
- 特別高圧案件においては電源募集プロセスとFIT入札が同時並行で発生する案件がほとんどあり（筆者注：原文ママ）、電源募集で系統確保が予見されていない状況でFIT入札するのは多額のリスクマネーが発生する
- 電源プロセスに参加している案件については、最終的な決定に至るまでの時間が掛かり（OCCTOでのルールでは本来1年であっても、実態は2年程度の時間が掛かるケースあり。）、電源負担金も負担増になる
- 系統連系の広域プロセスによる時間がかかり過ぎ、（筆者追記：FIT入札の）募集に間に合わない
- このように、募集プロセスは発電事業者からみて依然不透明で事業リスクが高く、「募集プロセスの改善」の声が発電事業者を中心

に多く聞かれています。

　なおここで注意しなければならないのは、一口に発電事業者といっても、個別の会社やプロジェクトごとに思惑が異なることです。あるところは多額の保証金を支払ってでも開発を急ぎたいかもしれませんし、増強工事が終了するまで何年も接続が待たされるのであれば多額の保証金を支払うことはリスクが高いとして諦める場合もあるでしょう。<u>事業の予見性が低く、リスクが高くなり、企業の行動が二分化されるということはそれだけギャンブル性が高いということを示しており、これは前節で指摘したディープ方式の最大の欠点と一致します。</u>

　せっかく原則として一般負担のルールとなったのに、特定負担が抜け穴のように残ってしまい、そこでディープ方式の欠点が回避されないどころかむしろ問題が顕在化しているという現状を考えると、この募集プロセスという方式そのものに大きな欠点（まさにディープ方式で指摘された欠点）が潜在的に残っており、早晩抜本的な改善の必要性に迫られることになるでしょう。

　本書の対となる3.5節では、募集プロセスのそもそもの正当性を揺らがせている「なぜ・どのように上位系統の増強工事が必要と判断されたのか？」という疑問に答えるために、**費用便益分析 cost-benefit analysis** という手法を紹介します。この手法を用いると、募集プロセスの正当性が立証できる…というより、そもそも募集プロセスなる日本独自のガラパゴスルールそのものが不要となるでしょう。

2.6 不安定電源

「再エネは不安定だ！」、「不安定電源なので系統に迷惑をかける！」という言説は日本でもよく聞かれます。本章は本来「故きを温ねる」章ですが、結論を先に述べると、この「不安定電源」という表現は、SNSやネットで（場合によっては新聞や雑誌など従来メディアでも）よく耳にするものの、これは古典的な電力工学の理論に基づくものではありません。「昔は正しかったけど、今は…」どころではなく、今も昔も電力工学の基礎理論を正しく理解していない故の単なる誤謬に過ぎません。

そもそも「安定電源」という概念はない

再エネの中でも特に風力や太陽光といった入力エネルギーが変動する電源は、変動性再生可能エネルギー (VRE) と呼ばれるのは既に述べたとおりです。VREは従来型電源である火力や原子力と異なり、入力エネルギーを人為的制御することが難しいため、「不安定電源」であると指摘されることが多いのだと思われます。しかし、「不安定電源」なる言葉があるとするならば「安定電源」という言葉があっても良さそうですが、実は電力工学では「安定電源」という用語や概念は存在しません。

なお、同じ電気工学の分野でも、家電や電車・電気自動車などやや小さな装置の電力変換を扱うパワーエレクトロニクスの分野では「安定化電源」という用語や製品もあります。しかしこれは、室内実験などで用いる高品質の電源装置を指し、今回の議論とは全く別物です。

電力工学では、個々の電源（発電所）や特定の電源方式が「安定」であるかどうかはあまり重視されず、電力系統全体での安定度や信頼度に

重きが置かれます。すなわち、個々の電源が何らかの要因（例えば雷や台風、地震、人為的ミスなど）で予期せず突発的に供給支障や出力低下を起こしたとしても、電力系統全体が大きな影響を受けずにシステムの運用を維持できるというコンセプトこそが重要なのです。

　ここから先、電力工学上の専門用語がいくつか登場しますが、テストはないので丸暗記で覚える必要はありません。忘れてしまっても全然問題ありませんが、このようないくつかの概念があり、その概念はさらにいくつかのサブ概念に分類される、という構造をなんとなくでも把握していくことが重要です。機械的に用語を覚えるというよりは、概念や設計思想を把握することが視野の広い総合的な理解のために役立つでしょう。

　電力工学の分野では、電力の安定供給に関する指標として、**供給信頼度 reliability** という専門用語があり、例えば電気学会が2004年に発行した『給電用語の解説』[2.22]では以下のように定義されています。

- **供給信頼度**　電気の供給停止、すなわち停電（供給支障）の頻度、大きさ、持続時間などの指標によって、電力供給の信頼度を表現することをいう。供給信頼度には、需要家側と供給者側からの見方がある。需要家側から見た供給信頼度の指標には、一需要家当たりの年間平均停電回数や平均停電時間などがある。供給者側から見た信頼度としては、供給予備力、電力不足確率、供給支障電力などの指標がある。また、電力系統設備の一構成要素が事故で停止（N-1）した場合にも停電や電源停止などの影響が基本的に発生しないという設備形式の考え方をN-1基準といい、基幹系統を中心に信頼度レベルとして広く採用されている。

　なお、信頼度を評価する際は、アデカシーとセキュリティの二つの観点から評価される場合もある。アデカシーとは、想定された状況すなわち系統設備すべて健全な状態およびN-1状態において、設備がその容量以内、系統電圧が許容値以内となることを指す。セキュリティとは、想定された事故に対し、電力系統が動的な状態を含め供給を維持できることを指す。

停電（供給支障）については『電力システム編』第3章でも述べましたが、電力の安定供給が維持されているかを示す重要な指標として、供給信頼度が日本で（各国でも同様に）定められています。そして、同じく『電力システム編』で述べたとおり、デンマークやドイツといったVRE導入率が高い国でも日本と同じ程度の供給信頼度を達成しています。需要家あたりの年間平均停電時間で比較すると、日本が21分（2015年）に対し、デンマークは12分（2014年）、ドイツは14分（2014年）です。再エネ（VRE）が入ったからといって停電率が悪化した国やエリアは統計データからはほとんど見当たりません。このような客観的な指標によるエビデンスを確認すれば「再エネは不安定で停電が増える！」という言説は現実に目を瞑った単なる印象論に過ぎないことがわかります。

　再エネ大量導入が進む各国は、何も再エネを入れるために供給信頼度を犠牲にしているわけではありません。電力システムが適切に設計・運用されているところでは再エネが大量に導入されても供給信頼度は適切に保たれていますし、逆に電力システムが適切に設計・運用されていなければ、再エネがほとんど導入されていなくても供給信頼度は低下します。

　また、この定義文の中で**N-1基準**という用語も出てきますが、最近は2018年9月に発生した北海道ブラックアウトの際にもこのコンセプトはメディアなどでたびたび取り上げられ、一般の方にも浸透しつつあります（なお、北海道ブラックアウトに関しては、再エネとは直接関係はないので本書では述べませんが、筆者も解説論文を書いていますので、ご興味ある方は文献[2.23]をご覧ください）。

　さらに、この定義文からは、供給信頼度は**アデカシー adequacy**と**セキュリティ security**の2つの概念に分けることができることがわかります。ごく大雑把にいうと、アデカシーは平時の備え、セキュリティは非常時の備え、ということになるでしょうか。ここに登場するアデカシーとは、直訳すれば「充分性」とでもいうべき言葉ですが、電力工学の専門用語としては一般にカタカナで「アデカシー」と表記されます。新聞やテレビやネットでもなかなかお目にかからない専門用語ですが、再エネが大量導入された電力システムの計画や運用を考える上で今後ます

ます重要となる概念です。

　このアデカシーについては『電力システム編』第3章でも登場しましたが、「新しい時代の新しい考え方」の一つとして本節の対となる3.6節で再度詳しく紹介します。とりあえず現段階で留意が必要なのは、「再エネは不安定だ！」、「あてにならない！」と主張する勇ましい意見に限って、アデカシー（すなわち平時）とセキュリティ（すなわち非常時）の区別がついておらず、なんとなくイメージでごちゃ混ぜに考えている可能性が高い…、という点です。

　また「安定か不安定か」という言葉に着目するならば、**安定度 stability**というものが定義されており、例えば**定態安定度**は、前出の『給電用語の解説』では「平衡運転状態にある電力系統に極めて微小なじょう乱が加わったときに、動揺が収まり元の状態に戻るか否かの安定性をいう」と定義されています[2.22]。また、有効電力や周波数ではなく電圧に関しても**電圧安定性**という概念があり、「じょう乱発生時や負荷急変時における系統電圧の安定性をいう。電圧安定性が失われると系統電圧が大幅に低下し、供給支障に至ることもある」と定義・説明されています[2.22]。ただしこれも個々の発電機に対しての指標でなく、電力システム全体でどれだけの安定度を保てているかということが評価されます。さらに、最新の風力発電機は「不安定」どころか安定度に貢献する能力を供給することも可能なように設計されています（詳細は3.7節参照）

　このように、火力や原子力といえども個々の発電所・発電機が「安定」であるという幻想を抱かず、万一の際にもシステム全体の健全性を維持する設計思想が供給信頼度や安定度の定義から見てとれます。

「変動するから不安定」ではない

　大型火力発電所や原子力発電所といった大規模電源に突発的な供給支障があった場合、瞬時に数百MW～1GW（数十～百万kW）もの電力がゼロとなり、極めて大きな変動が発生します。大型火力の電源脱落による周波数の変化速度は、VREの出力変動で発生する変動の比ではありま

せん。VREは分散型電源であるため、たとえある地域のメガソーラーに突然雲がかかったりウィンドファームに吹いていた風が突然止んだりしても、原子力や大型火力の突発的な停止よりはるかに変化速度も緩やかなものとなります。

「VREは間欠的だ」という指摘もよく聞かれますが、ある国際会議論文[2.24]では、この指摘に対する回答として、以下のようにわかりやすく反論しています（筆者訳）。

- 多くの科学論文では、風力発電や太陽光発電のような天候に依存する電源の振る舞いを記述する際に、「間欠性」という用語を用いている。しかし、間欠性とは非常に急速で予測不可能な兆候における変化を意味するものである。したがって、この用語は風車単基の出力の振る舞いを記述するために用いられるものであり、あるいは予測不可能な故障の場合には、変電所や送電線、さらには発電所に対してもそれはあてはまる。複数のウィンドファームの集合体は、依然として大きく変動するが、その出力変化速度（ランプレート）は風車単基のそれよりも極めて小さく、その変化の極めて一部のみが予測不能すなわち間欠性であると表現することができる。したがって、天候に依存する電源の振る舞いを記述するには「変動性電源」という用語の方がよりよく、今後はこの用語が使われるようになるであろう。

確かにVREは従来型電源の運用という「常識」から考えると、変動し予測しにくいように思えますが、そもそも需要も変動するということを忘れてはなりません。仮に「変動するから不安定だ！」という発想に立つならば、需要も不安定だということになり、需要に対して常に「同時同量」で出力を変動させなければならない火力発電も不安定だということになってしまいます。

従来の古典的な電力システムの運用においても、需要は変動します。例えば、図2-6-1は日本の日負荷曲線（電力需要の1日ごとのカーブ）を

模式的に描いたものですが、このような日負荷曲線は季節によって変わるだけでなく、その日のうちの気温変化や湿度や日照によっても異なります。例えば、東京電力のエリア内では、夏期には気温が1℃上昇しただけで原子力発電1〜2基分に相当する170万kW（＝1.7GW）の電力需要が増えると言われています[2.25]。さらに平日と土日でも大きく違いますし、甲子園やオリンピックなどの社会的イベントによっても大きく変化します。

図2-6-1　日負荷曲線

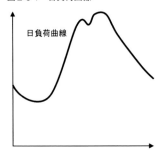

そして、需要予測はしばしば外れます。予測は「外れたら絶対ダメ！」というものではなく、ある程度の誤差が発生するものと見込んで、万一外れた場合でも予備力や調整力（2.7節参照）を用いて電力システム全体で調整しているのです。それが電力システムの運用方法です。

意外に知られていない「集合化」という概念

なお、図2-6-2に示した日負荷曲線は、一般にはエリア全体（日本全体もしくは各電力会社の管区内）での総需要のカーブであるという点にも留意が必要です。電力需要の個々の単位、例えば一般家庭一軒一軒がどのように変化するかは、現在の電力システムの運用技術では知ることができないのです。

従来の古典的な電力システムの運用では、図2-6-2(a)のように、Aさんのお宅で何時何分に何kWのエアコンが立ち上がったとか、何時何分にBさんのお宅でアイロンとホットカーペットを同時に使ってブレーカーが

落ちた（一時的に負荷遮断した）とか、そのような個別の情報を電力会社が知ることはできません。現在でも多くの場合、各家庭の玄関脇に配置された電力計を検針員が毎月一軒一軒回って計測しています（ドイツでは、なんと1年に一回です）。将来的には**スマートメータ smart meter**が全家庭に導入され適切なモニタリングシステムが整えば、細かな遠隔自動計測や制御も可能になるかもしれませんが、現時点では多くの国で意外にアナログな方法が使われています。

図2-6-2　需要の集合化の例

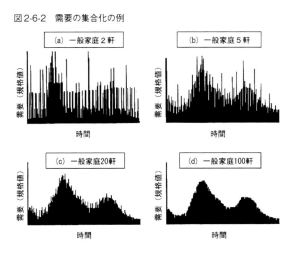

いずれにせよここで言いたいことは、電力システムの運用にあたって必要な情報は、各家庭一軒一軒の細かな需要（電力）情報（図(a)）ではなく、それが数百軒〜数千軒集められた変電所でのデータやエリア全体の電力需要の動き（図(d)）である、ということです。

このように、数百〜数千、場合によって数百万レベルのデータを集めてまとめて観測し、制御することは**集合化 aggregation**と呼ばれます。集合化という用語は特に風力発電の分野で使われるようで、太陽光発電の分野では**ならし効果 smoothing effect**という用語の方がポピュラーなようです。また、電力会社の需給管理部門の方々に聞いたところ、需要に関してはそもそも当たり前すぎてそのようなことを表す言葉は思いつかないなぁ…、という答えをもらったことがあります。

図2-6-2の(a)を見るとスパイク状の急峻な変化の連続であり、確かにこれだけを切り取って着目すると、とても「不安定」な挙動のように見えるかもしれません。この波形を見て、「このような不安定な需要（一般家庭）はけしからん！電力システムにつないではいかん！」という人がいるでしょうか？　もし万一いたとしたら、おそらく周りからヘンな人として白い目で見られてしまうことでしょう。

　一方、再エネに関しては、本来上記のように白い目でみられてしまう変な言説がネット上でもメディア上でも未だにまかり通っているようです。図2-6-3は風力発電の出力の集合化の例ですが、風車一基一基の出力だけに着目すると確かに変動は激しいように見えますが（図中左上）、通常、風車はウィンドファームもしくは風力発電所として10～数十基で構成され、広域的には数十～数百基の風車が電力システムに接続されています。

　したがって、電力システムの運用者にとっては、需要と同じく単機の変動を気にするのではなく、集合化された風力の出力をウォッチすることになります。集合化された風力発電の出力（電力）は、数分程度のタイムスケールであればかなり滑らかで変動も緩やかです（図中右上）。

　もちろんVREは自然の光や風が入力なので、数時間のタイムスケールであれば出力は変動し、誤差もあります。しかし、需要も変動し、需要予測にも誤差があり、それを電力システム全体で管理するのが従来からの電力システムの運用であり、それは変動する電源(VRE)である風力や太陽光が導入されても同じことなのです。

　ここで「いや、需要は自由に変動してもいいけれど、電源が変動するのはダメだ！」という反論も聞こえてきそうですが、電源も需要も、電力品質や安全性に関する一定のルールをきちんと守っていれば、誰でも自由につないでよいのです。それが電力自由化です（詳しくは『電力システム編』第2章参照）。発送電分離の下では送配電線は非差別的なものであり、電力を取引する電力市場から見ると需要側も供給側（電源）も同等なのです。そして、現在のルールでは（そして再エネ大量導入が進んでいる多くの国でも）、出力（有効電力）が変動すること自体は、実は

電力品質を損なうことにはならないのです（詳細は次節2.7節および3.7節でも述べます）。

図2-6-3　風力発電の集合化の例

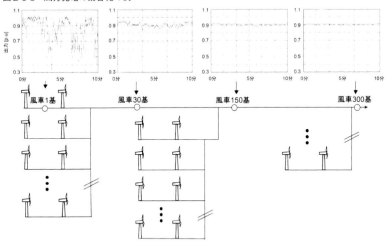

　以上のように、VREは変動するから「不安定だ！」という言説は、従来の電力システムの運用や電力工学上の理論に基づかない、非科学的な誤謬であることがわかります。必ずしも電力工学が専門でない方がなんとなく漠然とした不安を抱いてしまうのは仕方ないことかもしれませんが、中には高名な評論家や意思決定層にある人たちの中にも「再エネは不安定電源だ！」ということを主張し、それが世に拡散するケースもしばしば見られます。そういう言説に対しては、「新しい技術を学んでください」という前に、単純に「（古典である）電力工学の基礎理論をきちんと勉強してください」とやんわりとお伝えするのがよいでしょう。

　本節で議論したことを繰り返すと、「安定電源」や「不安定電源」という概念はそもそも電力工学には存在せず、需要や電源の変動や予測誤差があったとしても、それを電力系統全体でどこまで管理できるか？　が本来の電力系統の運用思想なのです。

第2章　古い時代の古い考え方を理解するための7つのキーワード　｜　67

2.7　バックアップ電源と蓄電池

　「再エネは不安定だ！」という主張と同じくらいよく聞く言説の中で、「再エネにはバックアップ電源が必要！」という主張もあります（多くの場合セットで聞かれます）。再エネ（特にVRE）は天気任せであてにならないので、火力発電によるバックアップが必要だという主張です。極端な場合は、再エネ電源と同じ容量の火力が必要だとか、再エネを入れれば入れるほど火力が必要で却ってCO_2が増えるという主張すら見られます。最近ではそれに加え、蓄電池のバリエーションも多く見られるようになってきました。

　「あれ？ 蓄電池ってこれからの新しい技術じゃないの？」と不思議に思う人もいるかもしれません。もちろん、蓄電池は日本のお家芸で、近年急速にコストが低下している新技術で将来を担うポテンシャルがあります。しかし、要素技術だけピカピカでもそれを組み合わせるシステムや設計思想がなければ、なにごとも宝の持ち腐れです。再エネの「バックアップ電源」としての延長線上に蓄電池があるとしたら、それはガラパゴス技術に陥っていることを疑った方がよいかもしれません。本節ではこの、バックアップ電源とその延長線上にある（かもしれない）蓄電池について述べます。

「バックアップ電源」という強迫観念

　古典的な電力システムの運用の中で、需要が変動した際に（さらには予期せぬ電源脱落や送電線の事故があった場合に）その変動分を調整するのは主に火力発電でした。厳密には水力発電の一部も立派に調整電源

として利用されていますが、日本は「火主水従」という言葉（学術用語というより業界用語？）があるように昭和40年代以降、電源構成の中に占める火力発電が多くなったため、自ずと調整電源といえば火力、という発想になるのはなんとなくわからないでもありません。

また、「バックアップ電源」とは学術用語でもなんでもなく、本来は、例えば原子力発電所で外部電源喪失が起こった際の緊急時にディーゼルなどで起動する電源などを指すものでした。実は風車にも、外部電源が喪失した際に安全に風車を停止したりナセルの向きを変えたりするための（正しい意味での）非常用バックアップ電源が備え付けられています。

「バックアップ電源」は本来非常用電源を指すものだったものが、いつのまにか風力や太陽光の変動成分や不確実性を「バックアップ」する電源という意味で使われるようになったものと推測できます。いつ誰が使い始めたかを過去にさかのぼって文献調査をする試みは技術史的観点から学術的価値があるかと思いますが、それは本書の主題ではなく、かつ私自身たくさんの研究テーマを抱えていて時間的・労力的余裕もないことから、どなたか興味のある若い研究者にお任せしたいと思います。

古典的な考え方では、自然エネルギーによって出力が変動する電源はこれまでほとんどなかったので（正確には「流れ込み式水力」があります）、「電源が変動するとはけしからん！」、「変動しないようにバックアップ電源が必要だ！」という考えが出てきてしまうことも容易に予想できます。

しかし、既に前節の2.6節でも示したとおり、電力システムの運用者は需要家一軒一軒の急峻な変動を把握していなくても電力システム全体で管理を行っています。同様に、風力や太陽光も一基一基の発電設備ではなく、集合化してならし効果を期待することにより管理も容易になり、技術的にも経済的にも合理的になります。実際に、日本でもどの国でも、単一の風力発電所や太陽光発電所の敷地内やすぐ隣に小型の火力発電所を建設し、一対一で「バックアップ」するという非効率な方法が採られた例は、幸い筆者の知る限り存在しません（しかしそのような非効率な方法が、蓄電池になると、とたんに堂々とまかり通ってしまいます。本

第2章　古い時代の古い考え方を理解するための7つのキーワード　　69

節後半で詳述)。

　では、前節の図2-6-3右上図に見たような集合化された風力や太陽光の出力を、仮に遠方のとある火力発電所が調整した場合、それは「バックアップ」といえるでしょうか？　また、特定の火力でなく複数の火力（場合によっては水力）を用いて電力システム全体で調整した場合、それは「バックアップ」なのでしょうか？

　前節図2-6-2(d)のような需要の変動に見合うように火力・水力で調整した場合、それを「需要のバックアップ電源」という人はいないでしょう。同様に、あてにしていたダムの水が渇水年であったため水力に余力がない場合、その代わりに余分に立ち上げる火力も「水力のバックアップ電源」と呼ばれる習慣はありません。なぜ、VREだけ「バックアップ電源」がことさらに喧伝されるのでしょうか？　この学術用語とすらいえない、かつ用例に恣意性が疑われる「バックアップ電源」が日本でここまで流行る理由は、個人的には技術史的観点からとても興味があります。

「バックアップ電源」という幻想

　このように、日本では比較的知名度の高い(?)「バックアップ電源」ですが、再エネの大量導入が進む海外（英語圏）では、どうやら事情が異なるようです。表2-7-1は、海外の主要な国際機関や各国・各地域の公的機関が発行した再エネの系統連系に関する定評のある報告書を選び、その文書内にバックアップbackupが何回登場したかを調べた用語出現頻度調査の結果です。表にはバックアップと比較する用語として**柔軟性flexibility**を挙げていますが、柔軟性が何かということについては本節の対となる3.7節で詳述します。ここではさしあたり、柔軟性は後述する「調整力」の上位概念であるとお考えください。

　表に示すとおり、"backup"という用語を好んで多用する文献は少なく、多くの国際機関や政府系プロジェクトの文献で"flexibility"という用語の方が圧倒的に多く登場することがわかります。もちろん、海外文献でもバックアップ電源について言及する文献は皆無ではありませんが

表2-7-1 再エネに関する海外主要報告における「バックアップ」と「柔軟性」の用語出現頻度

機関・団体	文献名 (邦訳のあるもの以外は筆者仮訳)	参考文献	バックアップ (backup or back-up)	柔軟性 (flexible or flexibility)
気候変動に関する政府間パネル (IPCC)	再生可能エネルギー源と気候変動緩和に関する特別報告書	[2.26]	16	102
国際エネルギー機関 (IEA)	変動性再生可能エネルギーを利用する 〜需給調整のチャレンジへのガイド	[2.27]	2	614
国際エネルギー機関 (IEA)	電力の変革 〜風力、太陽光、そして柔軟性のある電力系統の経済的価値	[2.28]	5	254
経済協力開発機構原子力機関 (OECD/NEA)	原子力エネルギーと再生可能エネルギー 〜低炭素電力系統における効果	[2.29]	82	239
国際電気標準会議 (IEC)	大容量再生可能エネルギー源の系統連系と大容量電力貯蔵に関する白書	[2.30]	0	125
第6次枠組み計画 (FP6) (欧州委員会の科学技術プロジェクト)	風力発電の市場統合と系統連系 〜風力発電の大規模系統連系のための欧州電力市場の発展	[2.31]	3	97
インテリジェントエネルギー (欧州委員会の科学技術プロジェクト)	欧州風力連系研究 〜欧州電力系統への大規模風力発電の系統連系の成功に向けて	[2.32]	1	39
欧州送電系統運用者ネットワーク (ENTSO-E)	系統開発10ヶ年計画 (2014年版)	[2.33]	0	75
欧州電気事業連盟 (Eurelectric)	柔軟性のある電源 〜再生可能エネルギーをバックアップする	[2.34]	4	5
米国連邦エネルギー規制委員会 (FERC)	オーダー1000：送電線を所有・運用する公的電力公社による送電線計画および費用割当	[2.35]	0	84
北米信頼度協議会 (NERC)	高水準の変動電源を受け入る	[2.36]	1	43

(表2-7-1で調査した限りでは、原子力の分野の研究者が多く使う傾向にあるように見られます)、海外でバックアップという用語を好んで多用する文献は筆者が調査した限りでは学術的論文や政府機関・産業界の報告書では見当たりません。むしろ頑張って探してもなかなか見つからない

現状です。一方、多くの文献で「柔軟性」という用語が圧倒的に多く使われていることがわかります。

また、学術論文の分野に限ってみると、例えば電気系の学会で最も有名な米国電気情報学会(IEEE)の論文データベースで"backup"および柔軟性"flexibility"の用語出現頻度を調査した結果が図2-7-1になります。ここでも同様に、再エネ"renewable"に言及する論文の中で"backup"という用語を使う論文は少なく、それに対して"flexibility"という用語が登場する論文は年々増加し、文字通り桁違いの差になっていることがわかります。

図2-7-1 再エネに関するIEEE論文における「バックアップ」と「柔軟性」の用語出現頻度

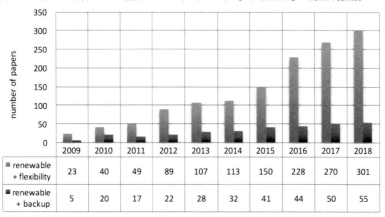

表2-7-1および図2-7-1のような用語出現頻度に関する調査結果から、系統運用に関して今や世界中の研究者や実務者の間で盛んに議論されている概念は「バックアップ」ではなく、「柔軟性」であるということがわかります。このような国際環境で、日本においてことさら「バックアップ電源」が喧伝され、一方で「柔軟性」という新しい概念がほとんど議論されないとしたら、再エネの系統連系の議論がますますガラパゴスで時代遅れなものになってしまうことでしょう。

予備力と調整力

　この項はやや専門的です。電力工学上の専門用語がずらずらと並ぶので、めんどくさい方は図のイメージだけ頭に入れて、次の「蓄電池」の項にスキップしても結構です。

　前述のとおり、VREに限らず需要も変動し予測誤差を伴います。また、火力や原子力といえども決して「安定電源」であるわけではなく、予期せず突然に供給支障事故が発生する可能性があるということは2.6節で示したとおりです。

　学術的には、このような平時の需要の変動や予期せぬ供給支障事故に対応するための能力は**予備力 reserve**と呼ばれます。例えば、電気学会の技術報告『給電用語の解説』[2.22]では、**供給予備力**を「設備の事故・計画外停止、異常気象（渇水など）または需要変動など予測し得ない事態が発生しても、安定した供給を行うために、需要より多く保有する供給力をいう」と定義しています。

　ちなみに供給予備力を需要で割って％で表したものを**供給予備率**といいます。よくニュースなどで「今年の夏の予備率は○％」などと報道されることがありますが、このことです。ただし、予備力は単に、「実際に使う分よりちょっと多めにもっておけばよい」というわけではありません。予備力は下記に示すとおり、複数のタイプを用意しておく必要があります（いずれも文献[2.22]からの引用）。

- **瞬動予備力**　負荷変動および電源脱落時の系統周波数低下に対して、即時に応動を開始し、急速（10秒程度）に出力を増加して、運転予備力が起動し負荷をとる時間まで、継続して発電可能な供給力をいい、部分負荷運転中のガバナフリー発電機余力がこれに当たる。
- **運転予備力**　並列運転中のものおよび短時間（10分程度）で起動し負荷をとり、待機予備力が起動し負荷をとる時間まで、継続して発電可能な供給力をいい、部分負荷運転中の発電機余力、

第2章　古い時代の古い考え方を理解するための7つのキーワード　｜　73

停止待機中の水力、ガスタービンなどがこれに当たる。
- **待機予備力** 起動から並列、負荷をとるまでに数時間程度を要する供給力をいい、停止待機中の火力などがこれに当たる。

これらの予備力の時間軸における関係性を図2-7-2に示します。イメージとしては、誰かが突然倒れた時に、秒で反応して直ぐに応急措置を行う人が瞬動予備力、数分で駆けつける救急隊員が運転予備力、あとからようやくやってくる専門医が待機予備力、といった感じでしょうか。

なお、諸外国も同様の分類がされており、瞬動予備力、運転予備力、待機予備力はそれぞれspinning reserve, operating (hot) reserve, cold reserve、もしくはprimary reserve, secondary reserve, tertiary reserve（日本語で一次予備力、二次予備力、三次予備力とそれぞれ訳される）と呼ばれることもあります。ただし、各国・各エリアで定義は異なるので必ずしも一対一対応でないことに留意が必要です。

図2-7-2 各種予備力の関係図（日本）

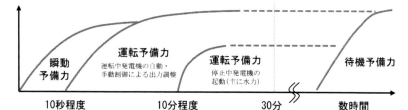

さらに近年では、欧州送電系統運用者ネットワーク ENTSO-Eによって欧州各国で用いられる共通ルールブックであるネットワークコード（グリッドコード）の統一が進んでおり、FCR（Frequency Containment Reserve: 周波数抑制予備力）、FRR（Frequency Restriction Reserve: 周波数制限予備力）、RR（replacement Reserve: 置換予備力）という名称が新たに定義されています。図2-7-3にそれぞれの予備力の時間的関係図を示します。必ずしも一対一に対応してはいませんが、日本のそれと似ていることがわかります。

ところで、この予備力という用語は、専門用語的すぎるのか、新聞や

図2-7-3 各種予備力の関係図（欧州）

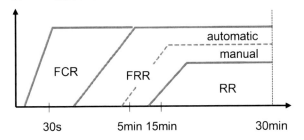

テレビなどのメディアではほとんど採用してくれません（なぜか関連用語である「予備率」はよく使われますが…）。代わりに使われるのが**調整力**という用語です。おそらく、「予備力」では何かを調整するというイメージが喚起しにくく、その点で「調整力」の方が受け入れられやすいからかもしれません。この「調整力」は長らく学術用語というよりはいわば業界用語的な扱いでしたが、2015年に発足した電力広域的運営推進機関によりこのほど正式な定義が公表され、ようやく「お墨付き」がもらえるようになりました。

同機関に設置されたその名も「調整力等に関する委員会」が2016年に公表した『中間とりまとめ』[2.37]によると、予備力および調整力は以下のように定義されます。

- 「予備力」とは、供給区域において、上げ調整力と上げ調整力以外の発電機の発電余力を足したものをいう。
- 「調整力」とは、供給区域における周波数制御、需給バランス調整その他の系統安定化業務に必要となる発電設備（揚水発電設備を含む。）、電力貯蔵装置、ディマンドリスポンスその他の電力需給を制御するシステムその他これに準ずるもの（但し、流通設備は除く。）の能力をいう。

また、予備力と調整力のわかりやすい関係図も同報告書に掲載されています（図2-7-4）。

第2章　古い時代の古い考え方を理解するための7つのキーワード　75

図2-7-4　予備力と調整力の関係図（広域機関による定義）

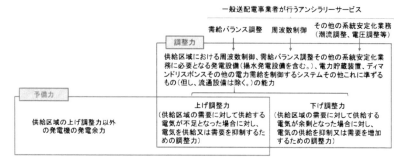

　この新しい定義の評価すべき点は、調整力の中に明示的に「揚水発電」、「電力貯蔵装置」、「ディマンドリスポンス」（デマンドレスポンス）が含まれるようになったことです。「再エネ電源と同じ容量の火力が必要！」、「再エネを入れれば入れるほど火力が必要で却ってCO_2が増える！」という極端な主張は、この定義文によって一蹴されることになりました。これからの時代、調整力を提供する設備は、何も火力だけではないのです。

　一方、若干の懸念される点は、「予備力」がより狭い範囲のものとして定義されてしまい、図2-7-3で見たような欧州などで進む予備力の最新議論と乖離が起こってしまったことです。「予備力」と"reserve"で本来同じ意味として一対一対応で翻訳される用語に、日本だけ国際議論から乖離した独自定義があると、ますます国際議論の輪から遠ざかってしまう可能性があります。さらに、2016年に発行された同報告書では、現在国際的に盛んに議論されている「柔軟性」が全く言及されていません。柔軟性に関しては本節の対となる3.7節で詳しく紹介しますが、予備力や調整力の上位概念といってよく、流通設備から供給されるものも含みます。

　幸い、同報告書では「海外において様々な種類の予備力・調整力が定義され、再エネ拡大に伴う見直しが行われているように、今後の検討に伴い、必要に応じて定義の見直しや用語の追加を行うことが適当である」(p.7)と書かれているため、今後の見直しに期待したいと思います。

蓄電池狂騒曲

　バックアップ電源に続いて、蓄電池についても言及します。

　まず初めにお伝えしたいことは、「蓄電池というデバイス自体に罪はない」ということです。蓄電池はさまざまな能力を発揮するポテンシャルをもっており、本来「新しい時代の新しい考え方」を実現するための重要な装置になる可能性があります。例えば蓄電池のもつ即応性は、高性能な予備力・調整力として（再エネ専用のバックアップではなく）期待できます。また電力市場の取引と組み合わせることにより、市場価格が安い時に電気を貯め高い時に電気を売るというインテリジェントな取引も可能となります。

　しかし、本書ではこの蓄電池をあえて「古い時代の古い考え方」の一つとして分類し、日本の蓄電池開発がこのままでよいのか、問題提起することとします。日本では、蓄電池が「新しい時代の新しい考え方」の文脈ではなく、本来不要な再エネのバックアップという「古い時代の古い考え方」の文脈で語られることが多いためです。

　バックアップ電源なるものが、電力工学の理論上も、また国際議論からも、本来あまり重要でないマイナーな存在であることがこれまでの議論でわかりました。また、風力発電所や太陽光パネル単体に対して「不安定な出力」(？)をバックアップする（変動を抑制する）という行為には技術的にも経済的にも合理性がないことも前節の2.6節で示しました。それでは、蓄電池は何のために必要なのでしょうか？　いまさらまた、「バックアップ」のためでしょうか？

　日本では、蓄電池産業が日本の得意とする産業品目の一つということもあり、1970～90年代にさかのぼる再エネ開発の当初から、再エネと蓄電池がほぼセットで議論されてきました。この開発の歴史があまりにも長いため、多くの日本人は再エネと蓄電池がほぼセットであることに何も疑問を抱かず、「不安定な再エネを蓄電池によってバックアップする（変動を抑制する）」という表現にも何の違和感を感じずにいるかもしれません。しかし、世界を見渡してみると、技術的にも経済的にも不合理

なそのような研究開発は（全くゼロではないので多少は散見するものの）圧倒的に少数派です。

このように日本語で日本人に伝えると、多くの場合びっくりされますが（そして海外の研究者に日本人がびっくりすると伝えるとまたびっくりされますが）、論より証拠でエビデンスを提示したいと思います。表2-7-2は2010年の段階で米国の電力中央研究所(EPRI)から公表された電力用エネルギー貯蔵システム（蓄電池だけではないことに留意）に関する報告書[2.38]の中で記載された、電力用エネルギー貯蔵システムの用途とその性能要件をまとめた表です。

表2-7-2　電力用エネルギー貯蔵システムの用途とその性能要件（米国EPRIによる）

用途	詳細説明	容量	時間スケール
小売サービス	裁定取引	10～300 MW	2～10 時間
	アンシラリーサービス	ブラックスタートやランプサービスなど市場の要求する機能による	
	周波数制御	1～100 MW	15 分
	瞬動予備力	10～100 MW	1～5 時間
再エネ系統連系	風力発電:ランプ(出力変化)対応および電圧制御	分散型: 1～10 MW 集中型: 100～400MW	15 分
	風力発電:オフピーク貯蔵	100～400 MW	5～10 時間
	太陽光発電:タイムシフト、瞬時電圧降下、急峻な需要に対する対応	1～2 MW	15 分～4 時間
変電所での送配電支援	都市部および地方の送配電網建設遅延対応、送電混雑	10～100 MW	2～6 時間
移動式の送配電支援	同上	1～10 MW	2～6 時間
分散型エネルギー貯蔵システム	電力会社所有: 電力計や配電線、変電所の系統側	1 相: 25～200 kW 3 相: 25～75 kW	2～4 時間
産業用電力品質	瞬時電圧降下および短時間停電対策	50～500 kW	15 分未満
		1000 kW	15 分以上
産業用信頼度	瞬時電圧降下および短時間停電対策	50～1000 kW	4～10 時間
産業用エネルギーマネジメント	エネルギーコストの軽減、信頼度向上	50～1000 kW	3～4 時間
		1 MW	4～6 時間
家庭用エネルギーマネジメント	効率、コスト軽減	2～5 kW	2～4 時間
家庭用バックアップ	信頼度	2～5 kW	2～4 時間

表2-7-2を一瞥してわかるとおり、蓄電池の用途は多岐にわたり、再エネ関連はその中のほんの一部に過ぎないことがわかります。このEPRI

の報告書では、エネルギー貯蔵システムが電力システムおよび電力市場の運用に与える影響を定量的に評価し、費用便益分析が行われています（費用便益分析の重要性に関しては本シリーズ『経済・政策編』3.5節をお読みください）。この報告書では、必ずしも再エネ関連だけでなく、電力市場への入札や送配電網の信頼度や電力品質の維持、末端需要家のセキュリティのためのバックアップなど、多岐にわたる利用用途を分類し、その用途ごとに各種エネルギー貯蔵システムがリストアップされ、そのコストと便益が試算されています。

　ここで、電力市場との関連は極めて重要です。例えば、表2-7-2の小売サービスでは「裁定取引」という用語が登場しますが、これは元々株式取引などの典型的な市場用語です。裁定取引は、電力市場で卸価格（スポット価格）の安い時に電力を買ってエネルギーを貯蔵し、価格の高いときに売って利ざやを稼ぐことです。日本で再エネ併設蓄電池といえば、単に再エネの発電過剰時や軽負荷時に充電し、再エネ出力不足時やピーク負荷時に放電するというイメージが大きいようですが、電力市場が発達した海外では、これが市場メカニズムを用いて取引されます。同様に、周波数制御、予備力供給も市場を通じて取引されます。これも数あるエネルギー貯蔵システムのなかで、本来、蓄電池という新しいデバイスが活躍できる分野であり、再エネの変動対策とは直接的にはあまり関係がありません。

　表2-7-3は、2012年に公表された国際電気標準会議(IEC)のエネルギー貯蔵システムに関する白書[2.39]に掲載された表を筆者が抜粋して翻訳したものです。なお、同報告書では、系統側(grid-side)のエネルギー貯蔵システムに多くのページが割かれ、発電所併設(generation-side)については日本の例が短く紹介されているのみで、「特定の再エネ電源のためだけに大容量エネルギー貯蔵システムを設置することは、系統全体の変動性や不確実性を制御するよりも高コストとなる」とさえ書かれています。IECのような各国・各産業界の合意形成が必要な国際機関の本部が正式に発行する報告書で、このような明示的な言及があるということは、国際的な市場動向・開発動向を読む上で非常に重要です。

表2-7-3 電力用エネルギー貯蔵システムの用途とその性能要件（IECによる）

用途	時間スケール	再生可能エネルギーに対する便益	エネルギー貯蔵システムの種類
時間シフト／裁定取引／負荷平準化	数時間〜数日	日中の負荷曲線との不一致に対する対応	NaS電池、空気圧縮貯蔵、揚水発電、レドックスフロー電池
季節間シフト	数ヶ月	年間を通じた再エネの利用、低日照期などにおける従来型電源依存度の軽減	水素貯蔵、ガス貯蔵
負荷追従／出力変化（ランプ）対応	数分〜数時間	需要逼迫時の再エネ出力の予測困難性を緩和	各種蓄電池、フライホイール、揚水発電、空気圧縮貯蔵、レドックスフロー電池
電力品質および安定度	1秒未満	再エネの制御困難な変動性に起因する電圧安定性の低下や高調波の緩和	鉛蓄電池、NaS電池、フライホイール、揚水発電
周波数制御	数秒〜数分	再エネ出力の時々刻々とした制御困難な変動性の緩和	リチウムイオン電池、NaS電池、フライホイール、可変速揚水発電
瞬動予備力	〜数十分	予測誤差発生時に出力を加減することにより、再エネ出力の予測困難性の緩和	揚水発電、フライホイール、各種蓄電池
二次予備力	数分〜数時間	深刻かつ長時間持続する再エネ出力の低下の際に一定の電力を供給	揚水発電
送電網の有効利用	数分〜	送電コストの減少、再エネ電源の地域偏在の緩和	リチウムイオン電池
孤立系統支援	数秒〜数時間	再エネ電源の変動性および予測困難性を緩和するための時間シフトおよび電力品質改善	鉛蓄電池
緊急時の電力供給／ブラックスタート	数分〜数時間	再エネ電源に対する便益はないが、ブラックスタート容量を提供可能	鉛蓄電池

　このようなエネルギー貯蔵システムの多種多様な活躍の場のなかで、再エネに特化した用途は、選択肢の一つでしかないことがわかります。もちろん、将来、再エネが大量に導入された場合、その役割は相対的に大きくなるでしょうが、再エネ応用にしても、日本で言われているように変動成分の除去だけが特段の目的ではないことはくれぐれも留意しなければならない点です。

　近年はドイツでも蓄電池を利用した仮想発電所(VPP)システムの商用化が進んでいるとか、南オーストラリアで世界最大級の蓄電池併設変電所が建設された、などといったニュースが日本語で伝えられ、日本の蓄電池ラブな方々を「だから日本でも蓄電池だ！」と歓喜させていますが、これらの背景にある事情をきちんと押さえないと、木に竹を接いだような危うい情報の断絶が発生してしまいます。

ドイツで蓄電池を利用したVPPは例えばSonnen社が有名ですが、彼らは単に家庭用太陽光の変動成分の抑制や「バックアップ」のために蓄電池を導入しているわけではなく、最適な容量の蓄電池を用いてユーザー間で電力シェアリングを行うという新しい電力取引のビジネスを試行しています[2.40]。ここでは電力取引やそれを実現するための通信プラットフォームやデジタル技術が主役です。この点を見落としてやれVPPだ、蓄電池だともてはやしても時流を見失うことになるでしょう。

　南オーストラリアでは電気自動車で有名なテスラ社が現時点で世界最大の100MW/129MWh大容量蓄電池システムを導入した事例は、日本語の新聞やネットニュースで紹介されたため[2.41]、[2.42]、記憶に新しい方もいるでしょう。しかし、これは揚水発電を含む水力発電がほぼゼロで、風力発電の導入率が39％（2017〜2018年発電電力量ベース、文献[2.43]より筆者算出）にも達しているという特殊環境故に蓄電池の意義が着目されたためであり、日本で安易に考えられている「再エネは不安定だから蓄電池」という文脈ではないことに留意が必要です。

　そもそも、再エネ(VRE)の大量導入の文脈において、蓄電池は最初の選択肢ではありません。なぜなら、1.2節で示したとおり、VREの導入には段階があり、最初の3つの段階（VRE導入率で約20％程度）までは蓄電池に頼らずとも他のよりコストの安い選択肢がさまざまあるからです。この段階での蓄電池の導入は全くコストに見合わず、不要なものです。

　図2-7-5は、国際エネルギー機関(IEA)傘下の技術協力プログラム第25部会（風力発電大量導入時の電力システムの設計と運用）が提案したVREの大量導入を実現するためのさまざまな解決手段をコストと段階順に並べた概念図ですが、市場設計や広域需給調整、揚水発電やコジェネ、出力抑制などさまざまな選択肢があり、新型エネルギー貯蔵である蓄電池は「最後の手段」として位置付けられています。

　近年では蓄電池のコストは劇的に低下しつつありますが、それでも揚水発電など既存設備をさまざまに工夫して使う方がはるかに限界コストは安くつきます。今ある設備を有効に使う前に蓄電池という新規デバイスを投入することは、技術的にも経済的にも合理性があるとはいえませ

図2-7-5 VRE大量導入のためのさまざまな手段

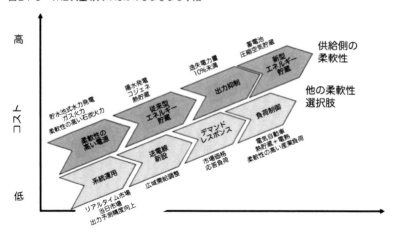

ん。ドイツや南オーストラリアの事例は、さまざまな既存設備の選択肢をほぼほぼ使い尽くした段階までVREの導入が進んだからこそ取りうる選択肢なのです。1.2節のたとえ話を繰り返すと、レベル6の初心者がレベル20〜40の上級プレーヤー向けの装備を身につけようとしても、無理があるのです。

　蓄電池はさまざまな能力を発揮するポテンシャルをもっています。蓄電池を含むエネルギー貯蔵システムの開発は本来多種多様であり、電力系統の中でどのようなサービスを提供するかは、電力市場での取引という観点から開発戦略を考えなければいけません。日本の多くの蓄電池開発が再エネの変動抑制だけに特化し、電力市場での用途についてほとんど何も言及しないとしたら、そしてその根底に「再エネは不安定なのでバックアップが必要…」という発想があるとしたら、日本はまた一つ新たなガラパゴス技術を作ってしまう可能性があるといえるでしょう。

第3章　新しい時代の新しい考え方を学ぶための7つのキーワード

3.1　実潮流

　第2章において「古典」、すなわち発送電分離以前の垂直統合の時代の電力工学のコンセプトについて学んできましたが、本章では、新しい時代の新しい考え方、すなわち電力自由化・発送電分離以降の新しい電力システムの世界について、見ていきましょう。トップバッターは**実潮流 physical flow**です。

　本節の対となる2.1節において、「空容量」の古い（静的・簡易的な）計算方法と新しい（動的・詳細な）解析方法を紹介しました。<u>時々刻々と変化する空容量を動的かつ詳細に求める場合、必ず実潮流のデータが必要になります</u>。そこで本節では、実潮流に焦点を当てて、新しい時代の新しい考え方に基づく電力システムの運用の事例を紹介します。

空容量問題のその後

　2.1節において2016年頃からクローズアップされてきた空容量問題について短く概観しましたが、2019年になってようやく大きな動きが出てきました。2019年5月17日に東京電力パワーグリッド（以下、東電PG）が「試行的な取り組み」についてプレスリリースを発表し[3.1]、その別紙資料の中で以下のような表現で「現行の考え方」と「今後の考え方」を比較しています（下線部は筆者による）[3.2]。

- 【現行の考え方】
　<u>「最も過酷※」</u>な断面を設定し、平常時に混雑を発生させない前提で潮流想定を合理化し、空容量を算出し、系統アクセス検討を

実施

　　※送配電等業務指針第62条「流通設備の設備形成は、(〜中略〜) 通常想定される範囲内で評価結果が最も過酷になる電源構成、発電出力、需要、系統構成等を前提としている。」

・【今後の考え方】

千葉方面においては、太陽光や風力などの変動電源の特性を踏まえ、平常時の混雑の際に発電出力抑制を許容し、<u>時間ごとにきめ細かな断面で潮流想定を合理化し</u>、系統アクセス検討を実施

↓

佐京連系を対象とし、<u>8,760時間の想定潮流を算出し</u>、空容量の有効活用を検討

　図3-1-1に同資料の説明図を示します。この図の「現行ルール」はまさに、本書2.1節で指摘した「古い時代の古い考え方」による計算方法に相当します。一方、同図右のグラフは横軸に「8760時間」と書かれた右下がりの滑らかな曲線が描かれていますが、これは1時間ごとの1年間の時系列波形データ8760点（＝24時間×365日）を降順に並べ替えたグラフであり、**持続曲線 duration curve** と呼ばれます。発電や需要などの電力システムの状況を確率統計的に処理する際によく用いられる手法です。

図3-1-1　東京電力パワーグリッドによる「現行の考え方」と「今後の考え方」

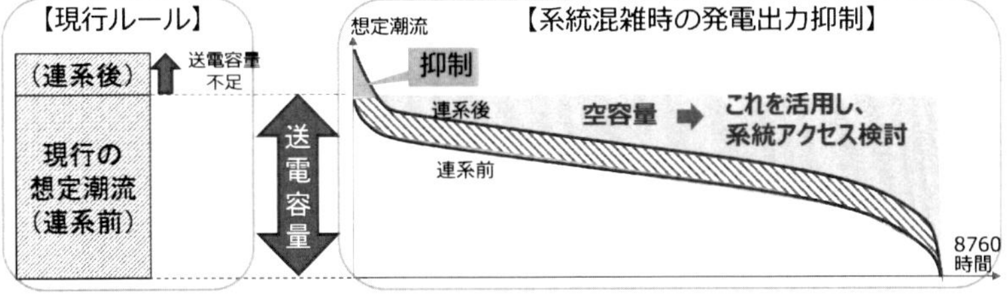

　このような持続曲線が資料に掲載されるということは、<u>運用容量や実潮流の時間変化を考慮した詳細な動的解析を検討する（した）ということを意味します</u>。すなわち、「新しい時代の新しい考え方」による解析方法

第3章　新しい時代の新しい考え方を学ぶための7つのキーワード　｜　85

です。逆に、「最過酷断面」のようなキーワードしか登場しない場合は「古い時代の古い考え方」で静的な粗い簡易計算しかしていない可能性が高く、そのような文書は要注意です。このあたりが新旧のコンセプトを見分けるコツになります。

　このような詳細計算を行うことにより、送電混雑（予め定められた運用容量を超えること）が発生する可能性があるものの、それは年間を通じてわずかな時間であり、そのために当該送電線に接続するVRE電源を出力抑制したとしても年間1%程度の損失で済むという試算結果となりました。この程度の損失であれば（しかもあらかじめその損失がある程度予見できれば）、発電事業者も事業リスクを下げることができ、余計な系統増強費を払わずに系統接続が可能となります。

　東電PGのプレスリリース別紙資料[3.2]によると、それまで千葉方面基幹系統（佐京連系）に影響する新規電源の連系申し込みは特別高圧だけで973万kW (9.73GW) であり、従来のルールでは、概算工事費が約800～1,300億円、工期が約9～13年かかる見込みとなっていました。

　ところが佐京連系の想定潮流を詳細シミュレーションで試算すると、現状の送電設備でも佐京連系の限界を超過する時間帯はわずかであり、その時間帯は出力抑制をすることで対応が可能であることがわかりました（図3-1-2参照）。

図3-1-2　東京電力パワーグリッドによる想定潮流の試算

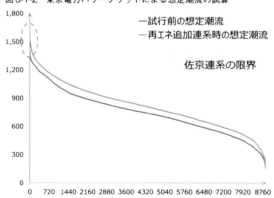

本書では既に2.1節で古い考えに基づく静的で簡易的な「空容量」の計算方法に警鐘を鳴らしましたが、この「試行的な取り組み」はまさに新しい考えに基づく動的で詳細な解析であり、このような手法で算出すれば「空容量がゼロ」だったエリアも約10GWの新規電源を受け入れることが可能であることが明らかになったのです。ようやく、新しい時代の新しい考え方が日本でも公表される日がやってきた、というわけです。

　このような詳細計算は、現時点ではあくまで「試行的な取り組み」と表現され、「試行であることを踏まえ、制度の移行によって受ける不利益を受容すること」、「国および電力広域的運営推進機関との相談の結果により変更し得る」[3.2]などと若干気になる表現も垣間見られますが、<u>本来、このような方法論は一部のエリアや一部の一般送配電事業者だけでなく国や規制機関が率先して取り組まなければならないものです</u>。これにより、2.4〜2.5節で問題提起した「なぜ系統増強が必要なのか？」、「なぜそのコストが新規電源に転嫁されるのか？」という不透明な疑問も一挙に解消することになります。

　このような画期的な取り組みは、「試行的」に終わらせずに、全ての一般送配電事業者にも適用し、早急に実施を義務化することが望まれます。なぜならば、世界標準からすれば10年以上も前から当たり前の方法だからです。上記であえて「画期的」と表現したのは、改革が遅れている日本においては、という意味でしかないことに留意が必要です。

フローベースという考え方

　実際、海外では実潮流を実際に測定し、それに応じて電力システムの運用を行ったり、将来の想定潮流も詳細シミュレーションで計算したりすることはむしろ当たり前です。例えば米国では連邦エネルギー規制委員会 (FERC) からオーダー888『公益電気事業者によるオープンアクセスで非差別的な送電サービスを通じた小売競争の促進』という規制文書が公表されていますが、その中で実潮流ベースの考え方が提唱されています[3.3]。この規制文書は2.2節でも既に登場しましたが、1996年と実に

20年以上前に制定されたということは注目に値します。この規制文書では、実潮流の考え方ついて以下のように書かれています（筆者仮訳、下線部筆者）。

- **第4章　より競争的な電力産業に向けての更なる委員会の行動**
  （前略）従来、委員会は郵便切手方式（筆者注：郵便切手と同様に距離や地点に関係なく一定の料金を設定する方式）の<u>契約上の経路による料金方式</u>のみを許していた。新たな政策の下では、競争的な卸電力市場により適している可能性がある、距離に依存し<u>フローベース</u>の料金方式を含む、さまざまな提案を許容する。（後略）

ここで、契約上の経路 contract-path による方式とは、まさに設備容量の総和など静的な簡易計算に基づく手法であり、**フローベース flow based** の方式とは、実際に流れる量（実潮流）を時々刻々計測したり動的な詳細シミュレーションする方式に相当します。

本シリーズ『電力システム編』第2章で紹介したとおり、米国では小規模の電力事業者が多く、またループ状の電力システム構成であるため電力潮流の計算が複雑で、単純な「契約上の経路による」計算方式では実態と乖離し公平性の観点から問題が多かったためと推察されます。同文書でも「競争的な卸電力市場により適している」と明記されています。

一方、欧州に目を転じると、2015年に発行されたEUの法律文書の一つである規則2015/1222では、フローベースについて以下のような記述があります。

- （前文(7)）
  （前略）フローベースの方法は、ビッディングゾーン（単一の市場価格を決定するエリア）を超えた容量が強く相互依存する前日市場および当日市場の容量計算の主たる方法として用いられることが望ましい。（後略）

このフローベースの考え方の元になるアイディアはハーバード大学のHogan教授によって1990年（約30年前！）に書かれた論文にまでさかのぼることができます[3.4]。ちなみにHogan教授は米国の電力システムや電力市場の設計に多大な影響を及ぼしたことで米国（および欧州）の電力工学研究者や実務者にはとても有名な方ですが、彼の論文や著作はほとんど日本語に翻訳されていないため、日本では電力関係者の中でも電力市場について詳しい限られた人以外あまり知られていないかもしれません。Hogan教授の理論やフローベースの考え方について日本語で書かれている資料としては、文献[3.5]がわかりやすいでしょう。下記にその一節（および図）を引用します（下線部筆者）。

- 我が国では、電力系統使用というとA⇒Bの送電というイメージから抜け切れない人が多いが、図6-3（筆者注：本書では図3-1-3として引用）に模式的に示すように、図6-3上図のようにA発電所からB需要に対して相対契約で電力を送る場合にも、送電途中経路の需給により、実潮流は図6-3下図のように近接する需要供給をつなぐかたちで最もロスの少ない経路で流れ、必ずしもA発電の電力が全てB需要点に到達するわけではない。これは、お金の送金で、例えば、東京⇒大阪の送金を全て東名高速を走る現金輸送車で行うわけではないことに類似している。このように電力系統は電力パワープールとして、銀行のような役割をはたしていることになり、A、B点でのパワープールへの入出力はあっても、A⇒B間全てに契約通りの電力が流れているわけではなく、A⇒B間に全てに流れる如く物理的キャパシティ（筆者中：容量）を形式的に占有しても意味がないことが理解されよう。

　電力自由化は世界中で1980年代後半から始まり、日本もスタートとしては米国や欧州に引けを取っていませんでしたが、その後議論が停滞し、小売全面自由化が達成されたのは2016年、発送電分離が行われるのは2020年と、他の先進国に比べ実に20年以上の後れを取る形となりまし

第3章　新しい時代の新しい考え方を学ぶための7つのキーワード　89

図 3-1-3　契約ベースと実潮流

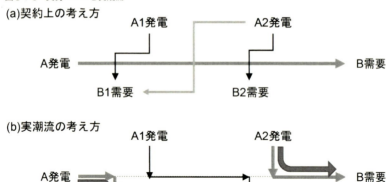

た。そして、競争的な市場の創設の遅れは、新規参入者への公平性を阻害するだけでなく、21世紀になっても動的なコンピュータシミュレーションなしに新規電源の接続の可否を決めてしまうという技術的後進性、すなわち電力技術のイノベーションをも阻害する結果をもたらしているのです。

　北米や欧州では法律文書や規制文書レベルに「フローベース」という用語が明記され、それが推奨もしくは義務づけられています。フローベースの計算方法は、公平性や非差別性（3.3節で詳述）に深く関連するため、法律文書で記述されることが本来望ましいのですが、日本では『電気事業法』をはじめとする電気関係の法令文書ではそのような記述は全く見られません。電気を単なる技術的問題として考え一部の専門家や会社にのみに任せるのではなく、法律レベルでも議論を進めるべきであり、そのために立法府（国会）がなすべきことは山積しています。そしてその立法府の議員を選ぶ国民の中でもこの問題を真摯に取り上げ、「新しい時代の新しい考え方」を求める議論を進める必要があるでしょう。

動的線路定格というインテリジェントな考え方

　実潮流の考え方をさらに推し進めると、どうなるでしょうか？　世界の電力システムの運用の最前線では、現在、**動的線路定格 DLR: Dynamic**

Line Ratingがトレンドです。このDLRという用語は比較的新しい概念であるため、おそらく直接研究開発に携わっているごく一部の専門家を除いては、政策決定者やジャーナリスト、さらには一般の方にはほとんど知られていないかもしれません。

2.1節では送電線空容量問題を取り上げ、その中で設備容量という用語が登場しました。これは物理的にそれ以上流したら危険であるという限界値を表します。では仮に、実際に送電線に設備容量以上の電力を流したら、その送電線はどうなるでしょうか？

多くの人は「切れる」や「溶ける」と答えてしまうかもしれませんが、その前に見られる現象として、答としては「垂れる」が正解です。真夏の暑い日に鉄道の線路がぐにゃりと曲がってしばしばニュースになるように、電線に電流をたくさん流すとジュール熱により体積が若干膨張し、特にレールや電線のような長尺のものは長手方向に伸びます。どれくらい垂れるかの尺度は**弛度**（ちど）と呼ばれます。弛度は大学の電気系学科の専門課程や電験（電気主任技術者試験）などでも登場するので、電気関係の方にとってはお馴染みの用語です。

図3-1-4 送電線における弛度

なぜこの弛度が問題になるかというと、電線に定格以上に電流を流し過ぎると規定の弛度（図3-1-4のD）を越え、送電線の下方にある樹木と接触して地絡（大地と短絡すること）事故を起こしたり、クレーンや釣り竿などの人工物が接触し人身事故を引き起こしたりする危険性があるからです。送電線の「電流容量」（単位はA）はこの弛度に依存し、それ

に送電線の電圧階級をかけて「設備容量」（単位はkVAもしくはkW）が決められるのが一般的です。

　さて、ここで今回テーマの動的線路定格(DLR)が登場します。「動的」という名前がついているとおり、弛度によって決まる電流容量を静的に（いつも決まった値で）ではなく、動的（時々刻々と柔軟に）に決めようという考え方です。電流を流し過ぎると電線が垂れ下がり樹木接触の危険性が出てきますが、電線が具体的にどれだけ垂れ下がっているのかを実際に計測しながら流せる基準を決めるのがDLRの考え方です。

　DLRの研究や実用化が進む欧州では、特に風力発電が多く導入されている地域があるため、風が強い時間帯に発電が多く、従ってそのエリアの送電線で輸送される電力が多くなる傾向にあります。そして風が強ければその分送電線も冷却され、温度は下がって弛度も緩和されることが見込まれます。実際、センサにより温度や弛度を計測すると、従来の「設備容量」に対して100〜200%もの電力を（短時間ですが）輸送できることになります。DLRは欧州を中心に研究開発が進み、現在では図3-1-5に示す例のように、ベルギーやポルトガルなどの国で既に実用化されています。

　この図3-1-5の波形は、実際にベルギーの送電会社 Elia の管内で実用的に用いられている線路の実測波形（および予測波形）です。図の中央横の灰色の太い直線⑤は従来の静的な定格電流です。図の縦軸は電流を表しており、電力の設備容量（定格容量）で考える場合はこの送電線の定格電圧380kVを乗じる必要があります。また、ベルギーの国内送電線の運用容量は明示的に公表されていませんが、この線路では設備容量のおよそ60％程度であると推測されます。

　従来の運用方法では、送電線に流れる電流の波形は運用容量や設備容量（定格容量）を超えて流すことは許されないルールでした。さらに、従来の定格電流は、実際には計測せず「最過酷の」条件から静的に決められた弛度に基づいて決まっており、相当の安全率（通常1.5〜2倍）をもって定められています。

　したがって、実際の弛度（どれだけ垂れているか）をリアルタイムで

図3-1-5　ベルギーにおけるDLRの実用例

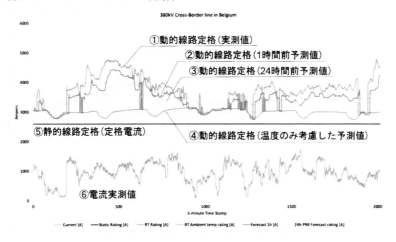

センシングしたり、過去のデータから詳細シミュレーションで予測したりすれば、安全性を犠牲にすることなく、既存の設備（アセット）で、より多くの電流を流すことが可能になります。図の②および③の波形（青色および黄色）は、送電線付近の気象データ（温度や風速）から1時間前および24時間前にコンピュータシミュレーションで計算した動的な電流容量の上限値（予測値）です。また、④の波形は温度のみを考慮して簡易的に予測した値で②や③を下回ります。一番上の①の波形（緑色）は実際にリアルタイムでセンシングした電流容量の上限値で、予測値と若干の誤差がありますが、予測値の方が下回っているということは予測値の方が安全側に設定されていることを意味します。いずれにせよ、従来の定格電流⑤よりもずっと上回っており、条件によっては200%を超えることもあります。その範囲の中で実際に流せる電流（図では⑥電流実測値（朱色））は、従来よりも多くすることができます。⑥の電流実測値に380kVを乗じた値が実潮流になるので、実潮流も設備容量より多く（一時的には200%近く）流せることになります。

　日本では「運用容量は設備容量の50%！」という硬直的な理解が拡散していますが（1.2節参照）、欧州でDLRを導入している線路では、50%どころか従来の設備容量の200%まで（短時間ですが）流すことも可能に

なっているのです。これも詳細なセンシングやモニタリング、そして高速コンピュータシミュレーションのおかげです。

　なぜ欧州で（欧州以外でも世界各国で）DLRを始めとする送電線の柔軟な運用方法が開発されているかというと、それは「今あるアセットを賢く使う」ことが送電会社にとっても市民にとっても便益があるからです。2.1節で述べたとおり、送電線空容量問題の場合は、送電線に接続する発電所の設備容量といった「静的」なパラメータによる簡易計算ではなく、現在流れている実潮流といった「動的」な計測やそれに基づく運用が重要となります。

　センシングやモニタリングによって実際の物理量を測定し、コンピュータの高速計算によって動的に制御するという方法は、21世紀のIoT（モノのインターネット）の時代、もはや当たり前の方法論といえます。そして本来、このIoTの分野は日本こそが技術的優位を有しているはずです。簡易パラメータのみの静的な計算では安全率を不必要に過剰に見積もらざるを得ず、これではコンピュータがなかった昭和時代のやり方を踏襲しているかのようです。まさに古い時代の古い考え方に過ぎません。もちろん、日本の送配電会社の中にも特に地中ケーブルで温度監視などと組み合わせたDLRを一部導入しているところもありますが、架空送電線への適用は議論が進んでいるとはいえません。

　DLRに限らず、「今あるアセットを賢く使う」発想は、意外にも「枯れた技術」の組み合わせかもしれません。日本は最高性能の新技術の開発には予算がつきやすいですが、ローテクな既存技術の組み合わせには（政府も産業界も、そして一般の人たちの評判も）冷たいような気がします。本来、世界中で開発が進んでいるスマートグリッドと呼ばれる技術は、送電網を「賢く使う」ことが目的なはずなのですが…。

　再エネの大量導入と基幹電源化にはもちろん送電網の増強や新設も必要ですが、それはあくまで将来に向けての第2段階であり、多くの人が「今あるアセットを賢く使う」第1段階をすっかり忘れているようです。「ものづくり」ニッポンを誇るのもよいですが、「しくみづくり」の評価こそが今、問われています。

3.2　間接オークション

　本節の対となる2.2節において、送電線空容量問題を緩和するための日本版コネクト&マネージについて説明しました。その中の一手法であるノンファーム接続は、対症療法としては効果が期待されるものの、根本解決には至らないことを示唆しました。なぜならばその根底には先着優先の考えが残されており、公平性や**非差別性 non-discriminatory**が担保できないからです。

　送電線空容量問題を解決するための本質的な切り札は、ずばり、**間接オークション implicit auction**です。本節ではこの間接オークションという手法と、その根底にある非差別性という電力システムの設計思想について詳しく述べることとします。

広域機関によるルール変更

　経産省や広域機関もこのような問題点を認識しており、広域機関の中に設置された地域間連系線の利用ルール等に関する検討会では、「望ましい連系線の割り当てルール」が検討され、2017年3月には『中間とりまとめ』が公表されました[3.6]。その中で「設備増強に先立って、まずは既存設備を最大限効果的に活用することが求められる」、「現行の先着優先ルールでは対応できない状況が生じている」、「現に先着優先の下で連系線の利用登録を行っている事業者のみが、戦略的な行動をとることができるため、公平性・公正性の観点から課題が認められる」などと、従来の考え方と比べると一歩踏み込んだ表現が明記されています。図3-2-1に、同報告書に記載された現行の仕組みと望ましい連系線の割り当てルール

を示します。

　図3-2-1上図では一見してわかるとおり、先着優先で容量割り当てが確保されたあと、前日10:00の段階で空容量があればその範囲内でのみスポット市場に開放し、残りの容量分を通過する電気を取引できる仕組みでした。一方、下図で示される新しいルールでは、先着優先の原則が廃止され、原則すべて間接オークションという方式で取引がされます。

図3-2-1　望ましい連系線の割り当てルール

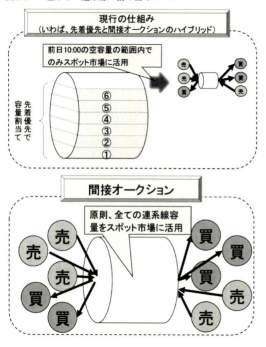

　間接オークションは、市場取引（オークション）を間接的に用いる方法です。卸電力市場（日本では日本卸電力取引所（JEPX）が開設）において、ある時間帯の電力の入応札があり、それらが約定したら、その電力を輸送するための送電線を使用する権利（送電権）も間接的に確保できるという仕組みです。間接オークションの対義語で**直接オークションexplicit auction**というものもあり、これは卸電力市場での電力の売買の取引とは別に、ある送電線を使う送電権を直接入札する仕組みで、欧

州の一部の国際連系線で用いられています。

　間接オークションは、卸電力市場での入応札で決まることから、全ての市場参加者に対し公平で透明性が高く、非差別的な仕組みです。このルールは前述のとおり2018年3月に広域機関の報告書で提案され、経産省の審議会での審議を経て、2018年10月1日に正式に運用が開始されました[3.7]。このように、日本でも古い時代の古い考え方が改められ、新しい時代の新しい考え方に徐々に移行しています。これは喜ばしいことです。

　しかし、残念ながら依然として問題点は残ります。それは、

① 最長10年間「経過措置」が取られ、従来ルール（すなわち先着優先）が直ちに廃止されず今後も一部残ること
② 今回ルール変更があったのは地域間送電線のみに対してであり、電力会社管内の地内送電線に関しては同ルールが適用されないこと

です。

　①に関しては前述の『中間とりまとめ』[3.6]において、以下のような記述が見られます（p.26〜27）。

- 十分な経過措置なしにルールの見直しを行えば、事業者に対し、今後も投資回収に影響を及ぼすルールの見直しが経過措置なしに行われるだろうという予見性を与え、ひいては今後の発電所への投資意欲を減退させるおそれがある。
- このため、将来、発電所への投資を行おうとする者への投資意欲を維持し、今後とも適切に発電所への投資が行われるような環境を整備することを目的として、経過措置を設けるものとする。
- 発電所の投資回収期間は、一般的に長期間に及ぶという特徴を有することを背景としつつ、事業者が10年間の供給計画を策定し、10年間の連系線利用登録を行っている事実にかんがみ、最長で、平成38年3月まで（本検討を開始した平成28年4月から起算して

10年間）とする。

　ここでいう「事業者」とは、既存事業者のことを指し、新規事業者でないことは明白です。2.2節で紹介した米国連邦エネルギー規制委員会 (FERC) のオーダー888 [3.3] に見られるような非差別性の原則は、残念ながらここでは見ることができません。市場設計の理念としての非差別性については、次節3.3節で改めて詳しく取り上げます。

　また上記の『中間とりまとめ』では投資意欲や投資回収への懸念が指摘されていますが、そもそも間接オークションという方式は米国や欧州では10〜20年前から導入されているものであり、それが日本に導入されることが予見できなかったとすれば、経営者の経営判断の問題です。これは本来、株主・投資家が経営者に対して厳しく追及するべき問題であり、規制機関や中立機関が手厚く心配する問題ではありません。「電源が足りなくなったらどうするんだ！」という心配も聞こえてきそうですが、その技術的問題に対しては、3.6節においてアデカシーという概念を用いて詳しく説明します。

　さらに、②の地内送電線は対象外、とされている点も懸念すべき点です。せっかく透明で非差別的な新しい時代の新しい考え方が地域間連系線に適用され、一歩前進となったものの、それが適用されるのは日本全体としてはほんの一部の線路だけであり、肝心の部分（電力会社管内）では古い時代の古いルールが残ったままです。実は2.1節で取り上げた<u>送電線空容量問題の本質は、地内送電線に間接オークションのルールが適用されていないことにあります</u>。また、2.2節で議論した日本版コネクト＆マネージがあくまで対症療法に過ぎないと筆者が指摘するのも、やはり本質的問題点である地内送電線の間接オークションの議論に踏み込めず、古い時代の古い考え方がまだまだ温存される結果となっているからです。

3.3 非差別性

　間接オークションは公平で透明性が高く、非差別的な方式です。この「非差別性」という用語は、日本語でもあまり馴染みがないかもしれません。そして電気の話をしているのに、この言葉が登場するというシーンは、多くの人にとってあまり思いつかないかもしれません。

欧米の電力システムで徹底される非差別性

　「差別をしてはいけない」ということは当たり前のことですが（それすら今の日本では危ぶまれていますが…）、このような言葉は日本では観念的に捉えられがちで、しかも電力システムのことを議論しているのに突然この言葉が登場すると、面食らう人もいるかもしれません。しかし、実際、欧州や北米の再エネや電力システムの論文や報告書を読むと、特に電力市場に関する文脈において、この非差別性という言葉が何度も何度も繰り返し登場します。

　余談ですが、筆者が国際会議や国際委員会で普段一緒に仕事をしたり議論をしている人たちはほとんど工学系の（電力工学の）研究者や実務者ばかりなのですが、それでも経済用語や政策用語がバンバンと普通に飛び交います。日本のような「僕は文系だから…」とか「あいつは理系思考だな」という奇妙な表現は英語に翻訳不可能です。もちろん英語圏でも「文系」、「理系」という言葉はありますが、それは学生時代の選択コースを示すものでしかなく、仕事上の能力や思考方法を制約する用語や概念ではありません。技術も経済も法制度も複雑に絡み合っており、そのどれかの分野の専門だとしても他の分野は全く無関心、ということ

では仕事になりませんし、そのような視野が狭い「専門家」にはよい仕事は回ってきません。

さて、非差別性について、米国の例を見てみましょう。例えば本書でもたびたび登場する連邦エネルギー規制局 (FERC) が1996年に制定したオーダー888『公益電気事業者によるオープンアクセスで非差別的な送電サービスを通じた小売競争の促進』[3.3]では、文書のタイトル自体に「非差別的な」という用語が盛り込まれていますが、その序文には以下のような文章があります（筆者仮訳、下線部筆者）。

- **第1条　序論**
  （前略）州際取引の際に電気を送ることができるかどうか、どの電気を送ることができるかは独占企業によって決められてきた。本ルール（筆者注：オーダー888）の法的・政策的拠り所は、独占企業が所有する送電線へのアクセスにおける不当な差別を改善するためである。

このような規制文書が1996年の段階で公表されているということは、現在の日本の状況から見ると、文字通り隔世の感があります。本書で何度も述べていますが、今から20年以上前の話です。

さらに時代は下って、2011年に制定したオーダー1000『送電線を所有・運用する公的電力公社による送電線計画および費用割当』[3.8]では、以下のような表現を見つけることができます（筆者仮訳、下線部筆者）。

- **第293条**
  委員会は、各公益送電事業者に対して、（中略）地域送電計画において提案する送電設備を含んでいるかを評価するため、透明かつ差別的または優遇的でない過程が地域によって用いられることを記述するように、（中略）このオープンアクセス送電料金を修正するよう要求することを提案する。
- **第669条**

公開され透明化される便益および受益者を決定するための必要とする費用割当方法およびそれに対応するデータ要件は、その方法が<u>公正で合理的であり、差別的または優遇的でないことを保証する</u>。

　欧州でも、新規電源が送電線に接続する場合、この「非差別性」が強く強調されています。例えば、EUの法律文書である指令Directive 2009/72/EC [3.9]では、以下のように規定されています（筆者仮訳、下線部は筆者による）。

- （新規発電所の送電システムへの接続に関する意思決定力）
  第32条第1項　送電系統運用者は、<u>新規発電所の送電系統への非差別的な接続のために</u>、透明かつ効率的手続きを制定し公開しなければならない。この手続きは、各国の規制機関の承認を得なければならない。

　なお、EUの法律文書のなかで**指令 Directive**と呼ばれるものは、その日本語訳の軽いイメージに反して、加盟各国の法律の上位に立つ拘束力の高い法律文書です。各国は、EUの指令に定められた義務的事項や推奨事項を履行するために、自国の法律を制定・改正しなければならず、定められた義務が履行されていない場合、罰則が科されたり欧州裁判所に提訴されたりすることもあります。上記の指令は通称「自由化指令」または「IEM（域内電力市場）指令」と呼ばれ、これにより欧州の発送電分離や電力自由化が一応の完成をみたと認識されているものです。
　さらに、自由化指令と同年の2009年に制定された「再エネ指令」あるいは「RES指令」とも呼ばれるDirective 2009/28/EC [3.10]では、

- **序文62項**　再生可能エネルギー資源から電力・ガスを供給する新規の供給者が電力・ガス系統に接続するためのコストは、<u>客観性、透明性及び非差別性を持たなければならず</u>、また再生可能エ

ネルギー資源からの電力・ガスを電力・ガス系統に提供する供給者がもたらす便益を考慮しなければならない。

- （系統アクセス及び運用）

  第16条第2項　加盟国の規制機関によって定められた<u>透明性及び非差別性のある基準に基づき</u>系統の信頼性及び安全性の維持に関する要件に従うところにより、

  (a)（略）

  (b) 加盟国は、再生可能エネルギー資源から供給される電力の電力系統への優先アクセス又はアクセスの保障のどちらかを提供しなければならない。

  (c) 加盟国は、発電設備を給電する際に、国の電力システムの安全な運用の限りにおいて、また<u>透明性および非差別性のある基準に基づき</u>、送電系統運用者が再生可能エネルギー資源を用いる発電設備を優先しなければならないことを確実にしなければならない。加盟国は、再生可能エネルギー資源から供給される電力の出力抑制を最小にするために、適切な系統運用及び市場に関連する運用の方法が採られることを確実にしなければならない。

と規定されています（筆者仮訳）。ここで、原文（英語版）は助動詞 shall を用いて「～しなければならない」と表現していますが、これは法律文書において、例外のない義務化を示す最も高いレベルの要求事項の表現です。すなわち、電源の接続や送電線利用ルールは透明性や非差別性が確保されてなければならず、各国政府が送電事業者にそれを義務付けなければならないということがEUの法律文書レベルで規定されていることがわかります。

日本の法律における非差別性の記述

　一方、日本では、『電気事業法』（2016年改正）[3.11]では、差別に関する表現は以下のような形で登場します（下線部は筆者）。

- （託送供給等約款）

  第十八条　一般送配電事業者は、その供給区域における託送供給及び電力量調整供給（以下この条において「託送供給等」という。）に係る料金その他の供給条件について、経済産業省令で定めるところにより、託送供給等約款を定め、経済産業大臣の認可を受けなければならない。これを変更しようとするときも、同様とする。
  2　（略）
  3　経済産業大臣は、第一項の認可の申請が次の各号のいずれにも適合していると認めるときは、同項の認可をしなければならない。
  一〜四　（略）
  五　<u>特定の者に対して不当な差別的取扱いをするものでないこと。</u>
  （後略）

また同法第28条の4以降は、広域的運営推進機関の目的や業務等を定める条項ですが、その中で送配電等業務指針について、以下のような規定が見られます（下線部は筆者）。

- （送配電等業務指針の認可）

  第28条の46　送配電等業務指針は、経済産業大臣の認可を受けなければその効力を生じない。その変更（経済産業省令で定める軽微な事項に係るものを除く。）についても、同様とする。
  2　経済産業大臣は、前項の認可の申請に係る送配電等業務指針が次の各号のいずれにも適合していると認めるときでなければ、同項の認可をしてはならない。
  一〜二　（略）
  三　<u>不当に差別的でないこと。</u>
  （後略）

このように「特定の者に対して不当な差別的取扱いをするものでないこと」、「不当に差別的でないこと」という表現は、電気事業法では他に

数ヶ所登場しますが、いずれにせよ「一般送配電事業者（広域的運営推進機関）は〜ではならない」ではなく、「経済産業大臣は〜しなけばならない／してはならない」と経産大臣が主語として書かれている形となっており、一般送配電事業者の具体的な行為を直接的に規制する形でないことに留意が必要です。さらに、経産大臣が「〜しなければならない」行為の対象が託送供給等約款や送配電等業務指針といったルールの認可に対してであるという点も米国や欧州とは異なる点です。

工事負担金のプロセスには非差別性があるか？

　ここで『託送供給等約款』[3.12]や『送配電等業務指針』[3.13]といった2.5節でも登場した文書が再登場したので、一旦整理してみましょう。これまで各節で個別に論じてきたパズルのピースをここで合わせてみたいと思います。

　図3-3-1は、電気事業法と託送供給等約款、送配電等業務指針を示した図です。前述の電気事業法第18条によって、一般電気事業者が定める託送供給等約款は経産大臣によって認可されていることがわかります。同様に、同法および第28条の46によって、広域機関が定める送配電等業務指針が経産大臣によって認可されます。その際、「不当に差別的でないこと」などが認可の要件になります。

　一方、託送供給等約款や送配電等業務指針では、新規電源の工事負担金の決定方法については特に具体的に定められておらず、資源エネルギー庁の『発電設備の設置に伴う電力系統の増強及び事業者の費用負担の在り方に関する指針』[3.14]や広域機関の『業務規程』[3.15]に基づいて算定された金額が参照されます。

　この関係図を見てわかるとおり、「工事負担金の在り方」一つとっても立法府、広域機関、一般送配電事業者、行政府（経産省）と次々にパス回しが行われており一見複雑ですが、少なくとも各文書で「不当に差別的なこと」が書かれている形跡は見当たらなさそうです。しかし、2.4節および2.5節で問題を指摘したとおり、工事負担金の割当方法については細

かすぎるくらい検討されている一方、肝心のそもそも「なぜ上位系統の増強が必要だと判断されたのか？」に関して透明性高く精査する方法論がここにはほとんど見当たりません。それ故、なぜ新規発電事業者（その多くが再エネ）に巨額の系統増強費が転嫁されるのか？という根本的疑問は解決されず、それによる不透明な負担（＝差別）が発生する余地が残ったままとなっています。

図3-3-1　電気事業法、エネ庁費用負担指針、託送供給等約款、送配電等業務指針の関係

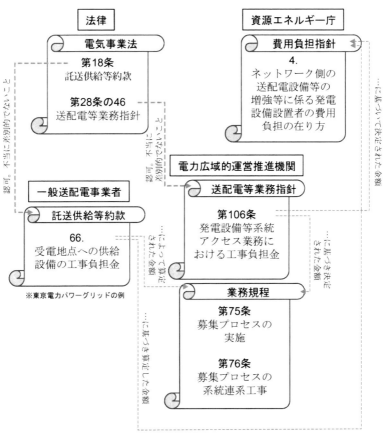

つまり、欧米の法律・規制文書に10〜20年前から書かれている「送電線へのアクセスにおける不当な差別を改善するためである」、「便益および受益者を決定するための必要とする費用割当方法（中略）は、その方

法が公正で合理的であり、差別的または優遇的でないことを保証する」、「新規の供給者が電力・ガス系統に接続するためのコストは、客観性、透明性及び非差別性をもたなければならず」といった基本的な理念が、日本では未だに担保されていないといえます。

最近では、この系統接続に関する工事費をめぐって訴訟も起きるなど[3.16]社会問題に発展しています。ドイツでは20年前にやはり再エネ電源の系統接続に関して訴訟が相次ぎ、当時の大手電力会社が軒並み敗訴したという経緯があります[3.17]。現状の託送供給等約款や送配電等業務指針に記載されていること自体は電気事業法に定められた「不当に差別的でないこと」をクリアしているようですが（そうでなければ経産大臣が認可しないので）、実際の個々の系統接続の案件に「不当に差別的でないこと」が徹底されているかどうかは、今後司法の判断を仰ぐことになるでしょう。

送配電会社にとって懸念すべきさらなる問題は、2020年4月に発送電分離を迎え、各電力会社（一般送配電事業者）の送配電部門は（ホールディングスや子会社として資本関係が残るとはいえ）発電部門や小売部門とは独立した会社として新たな出発を迎えるという点です。2020年4月に名実ともに一般送配電事業者となった送配電部門が輝かしい船出を飾る中、発送電分離前夜の古い時代の古い考え方で実施した募集プロセスの不透明な後遺症が、新しい時代に新しい考え方で歩みを進める新生一般送配電事業者の足を引っ張る可能性もあります。募集プロセスでは巨額の保証金が発生しており、この適切な処置をめぐって可能性のある法務リスクをできるだけ低減する必要があります。中立的な立場で新たな船出を飾る新生一般送配電事業者は、まさに襟を正して透明で非差別的なプロセスを提案しなければならない時期にきています。

3.4 受益者負担の原則

　本節の対となる2.4節において、「原因者負担の原則」が再エネという新規テクノロジーの参入障壁になっていることを指摘しましたが、その原因者負担の原則の対になる言葉は**受益者負担の原則 beneficiary-pays principle**です。本シリーズ『経済・政策編』第1章で紹介した重要なキーワードである**便益 benefit**の派生語 beneficiary がここに反映されていることがわかります。

世界中で進む受益者負担の原則

　受益者負担とは、あるものを導入する場合に一時的にコストが発生しますが、それは最終的に便益を生み出すものなので、便益を享受する人たちがそのコストを少しずつ負担しましょう（しかしそのコストよりも得られる便益の方が上回ります）という発想です。

　欧州や北米の送電会社や規制機関はそのことに気が付き始め、多くの議論の末、今やルールはすっかり「受益者負担の原則」に転換しています。その理由は、原因者、すなわち発電事業者がそれぞれ個々に対策をするよりも、送電会社が全体で一括してまとめて対策を行った方が技術的にも容易で、社会全体のコストが安上がりになるからです。

　送電会社が一時的に負担した再エネの変動対策コストや送電網増強コストは、電気代に転嫁され受益者である電力消費者が支払います。電力消費者にとって負担コストは一時的に上昇しますが、将来の便益が見込めるという理解が市民に広まっているからこそ、多くの国で再エネが支持されているわけです。日本では、特にドイツの電気代の上昇ばかりが

喧伝されていますが、「便益」や「受益者負担」の発想なしにコスト上昇だけを強調したところで、偏りのない公平な国際動向分析にはなり得ないのは、これまでの議論から明らかです。

　従来の原因者負担の考え方は、原因（VRE電源）と結果（変動性や系統増強）の因果関係の説明がわかりやすく、狭い視野の中では一見公平に見えてしまうものの、新規技術に対する高い参入障壁に容易に変貌する可能性があります。出力の変動成分の発生やそれに伴う系統対策は確かに電源側が問題発生の直接的な原因者と見ることができますが、再エネは汚染物質の発生者のようなものではなく、CO_2排出削減や化石燃料削減などの便益ももたらします。最終的に消費者や国民に便益をもたらす電源方式（原因者）が、その便益について何ら考慮されずにコスト負担を強いられているとしたら、これは公平な市場設計とはいえず、大きな参入障壁となる可能性があります。

　日本では再生可能エネルギーに関する議論では国民のコスト負担ばかりがクローズアップされ、将来の国民にもたらされる便益についての定量的な議論は残念ながらあまり見られません。蓄電池の併設の事実上の義務化など、海外ではほとんど見られない非合理的なソリューションが十分な議論もされずに流布するのも、再生可能エネルギーの便益に関する議論の不在と、それに起因した原因者負担の発想の踏襲が根本原因であると見ることができます。

　再エネの導入や電力系統の増強・新設にあたって、この受益者負担の原則を取るべき、という海外文献は非常に多く見られますが、幸い、そのような情報も少しずつ日本語で読めるようになってきました。経済産業省からも欧州および北米の送電線投資に関する調査報告書[3.18]が公表され、海外（米国、EU、英国、ドイツ）の送電線投資に関する詳細な情報と分析が日本語でも読めるようになっています。この報告書の記述を一部引用します（下線部は筆者）。

- 本調査で対象とした国や領域では、送電網というインフラ整備において、広く国民に便益を与えるという概念のもと、費用負担は

<u>国民が行う原則が確立されている</u>。また、一部、場所によって便益に差が出る場合もあるため、その便益に合わせて費用負担をする、<u>受益者負担の原則も明確になっている</u>。

　このような文章が経産省の（委託事業とはいえ）報告書で記述されるようになったということは、やはり時代も変わりつつあることが実感できます。
　しかし、現時点でも変動性再生可能エネルギー (VRE) に対して「原因者負担の原則」を当然のように求めるかのような言説はネットやSNSでも広く流布しており、この受益者負担の発想が日本全体に浸透するためにはまだまだ時間を要するものと考えられます。

日本でも受益者負担の原則が進むが…

　前節でも登場した広域機関の『送配電等業務指針』[3.13]の中でも、「受益者」という用語が明示的に使われています。これは、広域機関の前身に相当するESCJのルール[3.19]（2.4節参照）からは方針が大きく変更されていることを意味しており、このような登場用語の変化は、あまり目立たないながらも確実な前進の証拠として見ることができます。
　この『送配電等業務指針』の中では第47条に、以下のような規定が見られます（下線部は筆者）。

- （費用負担割合の決定）
  第47条　広域系統整備に要する費用は、<u>受益者が受益の程度に応じて費用を負担することを原則とし</u>、本機関は、別表6-1（筆者注：本書では表3-4-1として提示）に掲げる例を踏まえた検討の上、法令及び費用負担ガイドラインその他の国が定める指針に基づき、広域系統整備の費用負担割合を決定する。

表3-4-1に広域整備の受益者に対する考え方を示します。

この表では、一般負担部分では受益者を「需要者」としていることがわかります。つまり、前述の海外調査報告書にあるとおり「費用負担は国民が行う原則」が日本でも少しずつ定着していることが読み取れます。しかし、特定負担部分では受益者を「事業者」としており、この点は今後慎重に議論を重ねなければならない点であるといえます。

表3-4-1　広域整備の受益者に対する考え方

	広域系統整備の効果	受益者（費用負担者）	
一般負担部分における受益者と費用負担者の例	流通設備事故時における周波数の安定性の向上	・周波数安定性が向上する供給区域の需要者	受益を得る需要者が存する供給区域の一般送配電事業者で分担
	大規模災害によって特定の供給区域における供給力の不足が発生した場合における、広域的な供給力の確保	・広域的な供給力の確保が可能になる供給区域の需要者	
	送電線のルートを複数化することにより、送電線の1ルートが断絶した場合に周波数維持のために発生する需要の遮断の回避	・需要の遮断が回避される供給区域の需要者	
	連系線を通じた電力の融通を見込むことによる特定の供給区域において確保すべき予備力の削減	・供給区域内に確保する予備力を削減できる供給区域の需要者	
	電圧を安定させる装置等の設置による電圧安定性の確保	・電圧安定性が確保される供給区域の需要者	
	卸電力取引所における供給区域間の約定価格差の解消又は減少	・約定価格が高い供給区域の需要者 ・約定価格が高い供給区域が連系線の片側に限らない場合は、全国的なメリットがあるため全供給区域の需要者（ただし、連系線で他の供給区域と接続されていない供給区域の需要者は除く。）	
特定負担部分における受益者と費用負担者の例	個別の安定的な電力取引の確保	・当該の個別の電力取引により裨益する事業者（電力系統の状況に応じ、安定供給や広域的な電力取引の活性化の観点を考慮する。）	当該の個別の電力取引を行う事業者
	他の供給区域に電気を供給する電源設置の制約の解消	・当該の電源の設置に伴う広域的な取引により裨益する事業者（電力系統の状況に応じ、安定供給や広域的な電力取引の活性化の観点を考慮する。）	当該の電源を設置する者又は当該の電源から受電する者

※　広域系統整備の効果が複数認められる場合はそれらを複合的に勘案の上、受益者を決定する。

なぜならば、これまで2.1〜2.5節、3.1〜3.3節において一貫して論じてきたとおり、「一般負担が原則で、例外的に特定負担」であるはずの系統増強費用の負担の原則がいつの間にか「多くのケースで重い負担」の結果を招いており、なぜこの発電所の接続に特定負担が適用されるのか？　なぜ系統増強が必要なのか？　の判断基準の透明性や非差別性が揺らいでいるからです。

　この「なぜ系統増強が必要なのか？」の判断基準はどのように透明性高く意思決定できるでしょうか？　その答は次節で述べる**費用便益分析**にあります。

3.5　費用便益分析

　本節の対となる2.5節において、募集プロジェクトの不透明性について指摘しましたが、それではその不透明性を払拭できるより良い具体的な方法はあるのでしょうか？「なぜ系統増強が必要なのか？」の客観的で透明性の高い判断基準はあるでしょうか？

　答はずばり、「あります」。そして（本書では何度も何度も繰り返していますが）、欧州や北米では10〜20年以上前から既に実施しています。それは、**費用便益分析 CBA: cost-benefit analysis**です。ここでも「便益」という重要なキーワードが埋め込まれている点が重要です。

費用便益分析は合意形成のツール

　費用便益分析については、既に本シリーズ『経済・政策編』第1章において詳しく紹介しましたので、ここではごく簡単に超特急で説明します。

　便益 benefitとは利益 profitとは異なり、社会全体にもたらされる恩恵の貨幣表現です。より厳密には便益は私的便益 private benefitと**社会的便益 social benefit**に分類され、前者は個人や企業の利益に相当し、後者がしばしば単純に「便益」と呼ばれます。

　例えば公共事業で道路や橋を作る際、道路や橋を作ったことにより地域住民に何らかの形でメリットが生じます。ここでメリットや恩恵というとなんだかふんわりとした抽象的なものに過ぎませんが、費用便益分析では人々の受ける恩恵を交通事故の減少や渋滞の減少、CO_2排出の抑制などの定量計算を行うことにより、かかったコストとの比較が可能となります。このような定量分析が費用便益分析の重要な点です。

例えば、費用便益分析の理論書（そのいくつかは日本語にも翻訳されています）を紐解くと、

- CBA（費用・便益分析）の広義の目的は、<u>社会的意思決定を支援すること</u>である[3.20]。
- 費用便益分析の目的は、<u>政策の実施についての社会的な意思決定を支援し</u>、社会に賦存する資源の効率的な配分を促進することである[3.21]。

などのような表現を見つけることができます（下線部は筆者）。

　日本でも公共事業に関しては費用便益分析の手法が浸透しつつあるようですが、電力産業ではその文化はまだまだ希薄なようです。その理由は、日本では電力産業が長らく私企業に委ねられており、国税や地方税を原資とする公共事業とはみなされていなかったからだと推測することができます。一方、欧米では政策決定や合意形成のツールとして費用便益分析が進みつつあり、もはや費用便益分析をしないとスタート地点にすら立たせてくれないような印象です。海外の電力関係・再エネ関係の報告書を読んでも、費用便益分析のオンパレードです。

海外での費用便益分析の例

　例えば、本シリーズ『経済・政策編』第1章でも示しましたが、図3-5-1は国際再生可能エネルギー機関 (IRENA) による再生可能エネルギーの費用便益分析の一例です。この例では、パリ協定の2℃目標を達成するためには世界全体で毎年2900億ドル（≒31兆円）のコストがかかりますが、それによって将来毎年1.2兆～4.2兆ドル（≒128～446兆円）の便益を得ることができるという結果が出ています。換言すると、毎年2900億ドルの投資を惜しむと、将来毎年1.2兆～4.2兆ドルの損害を被る可能性があるということにもなります。そしてその損害を被るのは多くの場合、国家予算規模の小さい島嶼国や発展途上国に住む人々で、その中でも対

策があまり進まない地域に住む貧しい人々だという点も押さえなければなりません。

図3-5-1 再生可能エネルギーのコストと便益の例

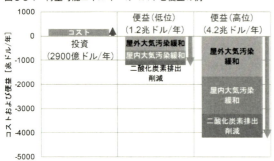

送電線の建設にあたっても費用便益分析がもっぱら使われます。例えば2006年にEUの欧州委員会から交付された政策文書『汎欧州エネルギーインフラガイドライン』(Decision No. 1364/2006/EC) [3.22]では、費用便益分析を用いなければならないことについて、以下のように規定されています（筆者仮訳。下線部は筆者）。

- **第6条　共通利益プロジェクト**
経済的実現可能性の評価は、環境影響、電力の安定供給及び社会経済的結束力への貢献に関連した、中長期を含む全てのコストと便益を考慮した<u>費用便益分析に基づかなければならない</u>。

ここでも「～ねばならない」は助動詞 shallで表現されており、これは例外なく遵守しなければならないことを意味する最も強い要求事項表現であるということに留意すべきです。

この『汎欧州エネルギーインフラガイドライン』で示された**共通利益プロジェクト PCI: Projects Common Interest**は、EU全体の送電網だけでなくガスパイプラインも含むエネルギーインフラの中長期計画を定める上で極めて重要なプロジェクト群です。図3-5-2に2040年までの送電線増強・新設計画のマップを指します。もちろん、どのエリアのど

のルートの送電線を優先すべきかは、費用便益に基づいて定量的に決定されます。まさに、費用便益分析は意思決定のためのツールなのです。

図3-5-2 欧州の共通利益プロジェクトによる送電線増強・新設計画

さらに、欧州の送電会社の連盟である欧州送電事業者ネットワーク(ENTSO-E)が2年に1度公表する『系統開発10ヶ年計画』の最新版（2018年版）によると、2030年までに実に167路線もの送電線の新設・増強が欧州全体で計画されています[3.23]。日本の消費電力量は欧州の約1/3なので（本シリーズ『電力システム編』第1章参照）、単純にその約1/3の50件くらいの送電線新設・増強計画が今の日本であるとしたら、どれだけ経済効果をもたらすでしょうか。

なぜ、欧州はこれほどまでに送電インフラに投資をするのでしょうか？欧州も成熟した先進国なので人口増加は移民を見込んだとしてもそれほど多くありません。気候変動対策のため、省エネルギーを推進しているため、エネルギー消費が今後減少するのは景気後退ではなく、むしろ環境政策のためによいことだと考えられています。そんな中で莫大なコストをかけて送電線をたくさん建設して、元は取れるのでしょうか？

その答が、費用便益分析にあります。なんとなくの感覚論で「元は取れそうにない」、「儲かりそうにない」ではなく、可能な限り定量的に分

析することで、意思決定や合意形成がスムーズになります。

　ENTSO-Eの費用便益分析手法は、現在の最新手法では、"2nd CBA"と名付けられた方法を採っており、そこでは以下のように便益が分類されています[3.24]。

- B1: 社会経済厚生
  - 燃料費削減
  - CO_2対策費削減
- B2: CO_2排出量削減
- B3: 再生可能エネルギーの統合（系統連系）
- B4: 社会的福利
- B5: 送電ロスの減少
- B6: アデカシーの向上
- B7: 柔軟性の向上
- B8: 安定度の向上

　このうち、B6のアデカシーとB7の柔軟性は、3.6節および3.7節で取り上げるキーワードでもあります。上記の中で、B1の社会経済厚生だけでも大きな金額になります。なぜなら、送電網の拡充により大量の再生可能エネルギーが導入できるようになれば、燃料が無料のエネルギー源であるため、現在の化石燃料のコストを減らすことができるからです。

　例えば、北海およびアイリッシュ海をぐるりと取り巻く海底ケーブル網の巨大プロジェクトである「北海オフショアグリッド」を建設するには総額137〜274億ユーロ（≒1.7〜3.3兆円）の投資が必要ですが、それが完成すると、毎年24億ユーロ（≒3,000億円）の社会経済厚生が便益として得られます。この値はCO_2削減や再エネの統合による便益を抜いた数値です。

　この社会経済厚生だけで、単純計算で11年で元が取れてしまう形となります。再生可能エネルギーのうち特に風力発電は北海など欧州北部に偏在しているため、燃料が無料のこのエネルギー資源にアクセスするこ

とにより、巨額のコストをかけたとしても将来大きな便益が得られるわけです。逆に送電線の建設が進まなければ、それらの安価なエネルギー資源にアクセスできず、その分便益が得られないことになります。

　日本では「再エネは高い」、「再エネのせいで系統増強コストがかかる」という認識が支配的ですが、それはコストのみにしか着目せず、再エネに便益があるということが頭からすっぽり抜け落ちている故の視野の狭い思い込みに過ぎません。1.2節でも述べたとおり、ENTSO-Eは2030年に再エネ58%（うちVREは約45%）、2040年に81%（うちVREは約60%）というシナリオも複数シナリオの中の一つとして想定しています（図1-2-4を図3-5-3として再掲）。送電会社の連盟は中立性があり、取り立てて再エネを積極的に推進する団体ではありません。繰り返しますが、そのような中立的な機関が当たり前のように再エネ80%という数値を想定するのが現在の世界の姿なのです。

図3-5-3　ENTSO-Eによる将来の電源構成（発電電力量ベース）シナリオ（図1-2-4再掲）

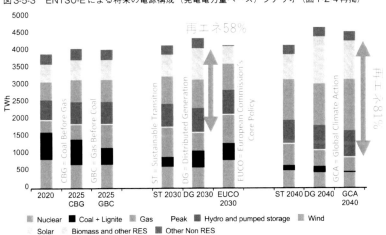

　ENTSO-Eの費用便益分析の手法には日本の将来の電力システムの投資にとっても大いに参考になる知見が詰まっています。幸い、日本語でも読める解説（報告書）が公開されており[3.25]、ウェブで無料で手に入ります（ただし、手法としては1世代前の"1st CBA"の解説です）。興味ある人はぜひお読みください。

第3章　新しい時代の新しい考え方を学ぶための7つのキーワード　117

再エネのおかげで送電インフラの投資が進む

　このように、定量的な費用便益分析をすることにより、送電インフラへの投資の意義が目に見える形でわかり、意思決定もスムーズになります。前述のとおり欧州では2030年までに167件の送電線の新設・増強プロジェクトが計画されており、そのほとんどが既に着手済みです。

　世界中で送電インフラに対する投資は活況です。国際エネルギー機関（IEA）が最近発表した最新の『世界エネルギー投資（2019年版）』[3.26]によると、2018年に行われた世界全体の電力部門への投資の実に37%が電力系統に対する投資に回されています。もちろん、再生可能エネルギーへの投資も38%に上っています。

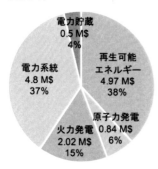

図3-5-4　世界の電力部門への投資状況
（2018年）

　一方、現在、日本で計画されている送電線新設・増強の案件は片手で数えるほどしかなく、なぜ日本で再生可能エネルギーへの投資があまり進まないのか、そして送電インフラに対する投資がこれほどまでに冷え込んでいるのか、世界から見るととても不思議な国のように見えます。日本語でしか情報を収集していないと、世界で送電インフラの投資が盛んであるという現状を知らず、断片的に知り得たとしてもなぜ投資が進むのかさっぱり理解できないでしょう。

　日本では、再エネに対する原因者負担の原則があまりにも色濃いせいか、「再エネのせいで系統コストがかかる」というネガティブな文脈で

語られることが多いです。しかし同じコストをかけることに対して世界（特に欧州）では180度見方が変わり、「再エネのおかげで系統インフラの投資が進む」という状況です。事実、

- 電力系統の拡張に対する投資は再生可能エネルギー関連のプロジェクト以外では見当たらない

と書く本もあるほどですが[3.27]、この表現は決してオーバーな表現でも希望的観測でもないことが図3-5-4の数値からもわかるでしょう。

　筆者も毎年何度も欧州に出張し、現地の実務者や研究者と議論したり現場を見て歩いているため、「再エネのおかげで系統インフラの投資が進む」という状況を肌感覚で実感しています。そして、その世界的な動向から、日本だけが蚊帳の外になっている状況です。この温度差の違いは、ひとえに費用便益分析という客観的・定量的な手法で意思決定や合意形成を進めているかどうか、の差に起因すると筆者は考えています。

日本における費用便益分析の議論

　幸い、日本でも送電線の費用便益分析の議論がようやく本格的に始まり、2018年12月から広域機関の電力レジリエンス等に関する小委員会[3.28]、2019年2月からは経産省の脱炭素化社会に向けた電力レジリエンス小委員会[3.29]、という似たようなキーワードを関する2つの委員会が立ち上がり、主に北本連系線の増設に関して費用便益分析が行われています。

　前者の広域機関の委員会では、「主要な便益項目である燃料費およびCO_2対策費削減効果により」便益が試算されています。前提となる北海道エリアの「蓋然性を踏まえた将来見込み」は、現在（2018年度末）の175万kW (1.75GW) を約2.5倍増加させた447万kW (4.47GW) が想定され、図3-5-5に示すような北海道＝東北間の4ルートについて費用便益分析が行われました[3.30]。その結果、北斗〜今別ルートでは費用（コスト）が617

億円に対し便益が967億円と、費用便益比が1.57となり、便益が費用を上回る結果となりました（表3-5-1）。残念ながら他の3ルートは費用便益比が1を下回りましたが、これは前項で紹介した欧州の費用便益分析に比べ、再エネ（特に風力）の導入見込みが小さいからだと推測され、さらなる再エネ導入の場合の感度分析やマルチシナリオ分析が今後期待されます。

図3-5-5 北海道＝東北間の増強ルート案

表3-5-1 北海道＝東北間の増強ルート案に対する費用便益分析結果

		①北斗～今別ルート (＋30万kW) 地内増強なし	①北斗～今別ルート (＋30万kW) 地内増強あり	④南早来～上北ルート (＋60万kW) 地内増強なし	④南早来～上北ルート (＋60万kW) 地内増強あり
効果の確認	広域的取引	総燃料費削減およびCO2削減効果			
	便益	967億円	1,323億円	1,584億円	1,951億円
	アデカシー	連系効果の増加による必要供給予備力の節減、容量市場開設に伴う広域的な供給力調達により、一定の効果はあると考えられるが、容量市場開設前の現段階では市場における価格動向や市場分断発生状況を予測することができないため、定量化は困難			
	セキュリティ	大規模発電所1サイト脱落時の負荷遮断量を低減できる効果が期待できるが、リスク発生頻度を想定出来ないため、効果を適切に評価することは困難			
	取替費用低減効果	旧北本を既設設備と同じ位置で取替を行うという選択が可能となるが、実際に同位置取替を実施するかどうかは、広域的取引への影響も考慮し決定することとなるため、更新計画が具体化されていない現時点で効果を適切に評価することは困難			
便益(B)※		967億円	1,323億円	1,584億円	1,951億円
費用(C)※		617億円	3,595億円	2,804億円	4,913億円
(B/C) ベースケース		**1.57**	0.37	0.56	0.40

※ 評価期間における費用および便益(現在価値換算値)の合計

後者の経産省の小委員会では、2019年8月に『中間整理』[3.31]を公表し、その中で費用便益分析に基づく増強判断について、以下のように述べられています（下線部は筆者）。

- 地域間連系線の増強判断に際しては、系統増強によって期待される効果（便益：安定供給強化、広域的取引の拡大、再エネ導入への寄与）と費用の定量評価を踏まえて行うことが適当である。具体的には、広域機関における地域間連系線の費用対便益評価において、連系線増強による3Eの便益（安定供給強化、卸価格低下、CO_2削減）を定量化し、便益が費用を上回った場合は、広域機関における計画策定プロセスの検討を開始することが適当である。最終的に費用便益分析に基づく増強が決定される場合は、分析方法やシナリオの妥当性、投資タイミングが最適であるかについて、広域機関において透明性と客観性が確保される形で議論されることが重要である。

　同書で示された連系線増強・費用便益分析の考え方を図3-5-6に示します。中立機関や国の審議会で、送電線の増強の評価に費用便益分析の考えが導入されたというのは、大きな前進といえます。

　図3-5-7は筆者が調査した各省庁がウェブサイトに公表する文書のなかでどれくらい「費用便益分析」という用語が用いられているかという用語出現頻度調査の結果ですが（必ずしも再エネや送電線を対象としたものではないことに留意）、各省庁ともここ数年右肩上がりで費用便益分析に言及する文書が増えていく傾向が見てとれます。前述のとおり、費用便益分析は元々国土交通省が所轄する公共事業の分野で進んだという経緯もあり、国交省には一日の長がありますが、経産省や環境省も年々増加傾向にあります。このような形で、**エビデンスに基づく政策決定 EBPM: evidence-based policy making**が進むことにより、便益をもたらす再生可能エネルギーもさらに導入が進み、それを受け入れる送電網にも投資が（発電事業者に不自然に転嫁されずに）進むことが期待されます。

図3-5-6 経産省による連系線増強・費用負担の考え方

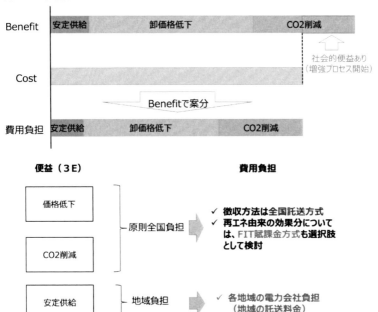

図3-5-7 各省庁の公開文書における「費用便益分析」出現頻度調査結果

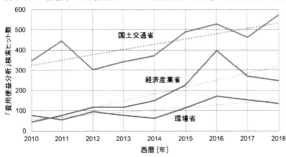

　費用便益分析の目的は、本節冒頭で述べたとおり、社会的意思決定を支援することです。中立機関や国における議論がこのような定量的で客観的な手法で進むことにより、透明性や非差別性も自ずと担保されるようになるでしょう。

3.6 アデカシー

　アデカシー adequacy は既に本節の対となる 2.6 節で登場していますが、この用語および概念は、実は別段「新しい時代の新しい考え方」ではなく、「古典」の時代から存在する用語です。しかしながら、この用語は元々電力工学の中でもマイナーなようで、筆者の調べた限りでは電験（電気主任技術者試験）の過去問でも登場したことはほとんどないようですし、電力会社の中でも一部の部署でしか必要ないので業務に関係なければ知らない人も多いかもしれません。大学の電気系の専門課程でも、ここ数年は強電系の講義がどんどん減らされ必修でなくなっているので、アデカシーという概念を知らないまま電気工学科を卒業してしまう人も少なくないかもしれません。

　しかし、複数のプレーヤー（発電会社・小売会社）が電力を取引し、変動性再エネ (VRE) も大量導入される将来の電力システムで、不確実性とうまくつきあいながらシステムの全体最適設計を行っていくためには、このアデカシーはますます重要な概念になるといえるでしょう。そもそも「再エネは不安定だ！」、「バックアップ電源が必要！」という主張は、アデカシーという電力工学上の根本概念（古典なのに！）を理解していないことから発生する誤解だと筆者は見ています。

今も昔も重要なアデカシー

　さて、アデカシーに関しては本シリーズ『電力システム編』でも取り上げていますが、重要な概念なのでここで今一度おさらいのため、その内容を一部再掲します。

アデカシーとは**供給信頼度**の中の一部の概念です。供給信頼度の定義文からアデカシー（とその対になるセキュリティ）に関する部分を抜き出すと[3.32]、

- アデカシーとは、想定された状況すなわち系統設備すべて健全な状態およびN-1状態において、設備がその容量以内、系統電圧が許容値以内となることを指す。
- セキュリティとは、想定された事故に対し、電力系統が動的な状態を含め供給を維持できることを指す。

となります。

アデカシーとは、電力システムの設備が充分に用意されている（電気が足りている）ことを示す指標です。

一般にどのエリアも特に夏の一番暑い日中や冬の一番寒い夜などに電力のピークを迎えますが、その時にそのエリアの全ての発電所をフル稼働させても電気が足りない！ ということがないように備えなければなりません。

しかし、ここで「絶対に足りないことはあってはならない！」といったゼロリスク論ではなく、冷静に「もしかしたら足りなくなることもあるかもしれない」、「それはどれくらいの頻度で発生するのか？」を確率論的に測るのがアデカシーという指標です。具体的には**電力不足確率 LOLP: Loss of Load Probability**や**電力不足時間 LOLH: Loss of Load Hours**という数値で計算される指標があります。

図3-6-1はLOLPやLOLHの評価方法を簡単に説明したものです。図3-6-1(a)は、ある国やエリアでの時間あたりの消費電力量（すなわち電力）の推移を年間歴時間8,760時間（＝24時間×365日）の時系列曲線として描いたグラフです。

仮にその国やエリアの供給力（最大発電能力）が図(a)の点線で示されると、点線よりも上の領域では供給力不足（発電不能）が発生することになります（図では説明のしやすさのため供給力を低く見積もっている

が、これは現実的な値ではないことに注意)。

　図(a)の時系列曲線だけではよくわからないため、図(a)のデータ（ここでは8,760点）を降順に並べ替えたグラフを図3-6-1(b)のように描き直すことにします。これは3.1節の図3-1-1でも既に登場した**持続曲線**と呼ばれる確率統計的処理の手法です。

　この持続曲線と元の供給力の直線との交点から、LOLPおよびLOLHが図(b)の中の式のように計算できます。LOLHは単純に供給力が足りなくなる時間なので、交点の垂線を下ろした点 T_1 で計算でき、LOLPはある期間 T（年間の場合は8760時間）に発生する確率なので、T_1/T で算出されます。このような形で、各国・各地域で、過去の気象データや需要データ、発電所の稼働や投資状況をもとに確率統計的分析を行って将来のアデカシー（電気が足りるかどうか）を予測するのが、今日多くの国で取られている信頼度評価手法です。

図3-6-1　電力不足確率(LOLP)および電力不足時間(LOLH)の求め方

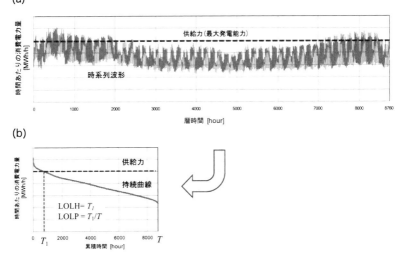

持続曲線を用いた評価手法のコンセプト

　ここで重要な点は、電気が足りるかどうかを確率論的に推測する、と

いう点です。海外では北米や欧州を中心に、このような指標を使った確率論的な信頼度評価の手法が一般的になりつつあります（もちろん日本の一般送配電事業者もこの考えを取り入れています）。

「停電が起きるのはけしからん！」ではなく、停電や電力不足の確率をいかに科学的に減らしていくか、さらに万一停電になった場合に生命や財産を守るためにどのような対策を採るか、という考え方がリスクマネジメントであり、科学的な方法論です。「再エネは不安定だ！」という主張の背後には、「安定」に対する絶対神話（もしくは科学的根拠のない願望）があり、さらにその背景には確率論で考えることのない極端な二元論的思考があるのかもしれません。

例えば、「太陽も照らず風も吹かない時はどうする！」と心配する声もありますが、もちろんこれもゼロか1かの極端な考え方ではなく、過去のデータに基づいて確率論的に予測することが可能です。

このとき重要なのは2.6節で既に登場した**集合化**という概念です。たった1基の風車とその近くのたった1枚の太陽光パネルだけを見た場合、たまたまその地域に風も吹かず太陽も照らず、その2つの発電所が出力ゼロの時間帯は多いでしょう。しかし、電力システムは広域で何百万世帯もの集合化された需要の変化に対応しているのと同様、風力も太陽光も集合化して広域で管理する方が技術的にも経済的にも合理的です。数百km四方の広域的エリアで見ると、そのエリアの中の全ての地域ですべての風車が設備容量（定格容量）100％で出力することもないかわりに、そのエリア中で風が全く吹かず、すべての風車からの出力がゼロであるという時間帯もほとんどなくなります。

図3-6-2に実際に北欧で計測された観測結果を示します。ここでも図3-6-1と同じように持続曲線が使われています。対象となるエリアが狭いエリア（デンマーク東部）からより広域なエリア（北欧4カ国：デンマーク、ノルウェー、スウェーデン、フィンランド）になるに従って、曲線の右端（出現頻度がゼロになるところ）の風車出力が上がっています。

デンマーク東部の狭いエリアだけで見ると、確かに累積出現頻度がゼロとなる（エリア内の風車からの出力が全くゼロとなる）瞬間が存在し

図3-6-2 風車の集合化と持続曲線

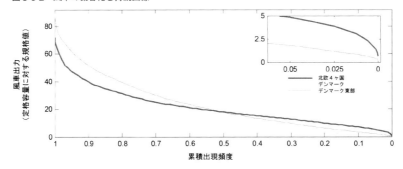

ますが、北欧4カ国の広域では累積出現頻度がゼロになる時間帯はないことがわかります。エリア内の全ての風車の設備容量（定格容量）に対する規格値が2.5%を切る確率は1%程度です。

なお、この持続曲線の見方として、曲線の左端や右端が急峻であるということはそれだけ極端な状況（電力超過や電力不足）の発生確率が少ないということを意味し、曲線の中央部がフラットになってくるということはそれだけ極端な状況が発生する確率が減り予測がしやすくなるということを意味します。

太陽光に関しては、夜間にエリア内の太陽光パネルの出力は全てゼロとなってしまいますが、風力と太陽光の相関性はあまりないことが知られています。一般的には風が強く吹く時は太陽はあまり照らず、太陽が照っているときは風が凪いでいます。もちろん、確率論的に風も吹かず太陽も照らない時もゼロではないので、それが年間どれくらいの割合で発生するのかが問題です。

風力発電と組み合わせることにより（異なる発電方式を組み合わせることも広義の意味での集合化です）、電力が不足する確率も減ることになります。例えば図3-6-3は米国テキサス州の事例ですが、太陽光発電が年間の半分（すなわち夜間）出力がゼロなのに対し、風力発電との合計出力をとると、持続曲線の右端が上方に移動することがわかります。この場合も合計出力の持続曲線がフラットになることで、VREの出力がゼロとなる時間帯の発生確率が少なくなることを示しています。なお、この

グラフは隣接する特定の発電所群（それぞれ出力60MW程度）での評価に過ぎませんので、図3-6-2のようにより広域で集合化すれば、さらに持続曲線はフラットになり、出力ゼロの出現確率も低くなる可能性が十分あります。

図3-6-3　風力発電と太陽光発電の集合化と持続曲線

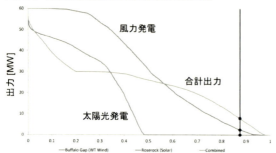

残余需要という新しい概念

　さらに、VRE（＝風力＋太陽光）の出力だけでなく、そのときに需要がどれくらい見込まれるか、ということも重要です。心配性な人は「夏の暑い時や冬の寒い時に、太陽も照らず風も吹かなかったらどうする！」と思うかもしれませんが、夏の暑い時に太陽が照らなかったり、冬の寒い時に風が吹かないということは気象学的に発生確率はとても低くなります。やはりここでも単なる印象論ではなく、統計データに基づき確率論的な議論をすることが重要です。

　ここで役に立つのは**残余需要 residual load**もしくは**等価需要 net load**という概念です。　残余需要の考え方はとても簡単で、

　　　　残余需要 ＝ 需要 － VRE出力

という単純な式で算出できます。ここで重要なのは、需要やVRE出力は各時間のデータ（実観測データでもシミュレーション結果でもどちらでもよいですが）であり、それらは等時性（同時性）がなければならない

128

という点です。つまり、需要が最大の時とVRE出力が最小の時はたいてい同時刻には発生しませんが、それを恣意的に重ね合わせることは適切ではない、ということになります（それ故、2.1節で紹介した図2-1-3の空容量の説明図は、適切ではないことをやってしまっている例となるわけです）。「最大需要のときに太陽が照らなかったらどうする！」という極端な心配は、このような残余需要の概念や等時性の重要性を無視することに起因します。

したがって、この残余需要も図3-6-1や図3-6-2と同じように持続曲線（特定の期間のデータをこう順に並べたもの）で表現されることが必然的に多くなります。図3-6-4にVREが大量導入された際の需要および残余需要の持続曲線の概念図を示します。

残余需要は需要からVRE（＝風力＋太陽光）の出力を引いたものなので、単純に残余需要の持続曲線は需要の持続曲線（図3-6-1(b)と同じ）よりも下方に移動します。VREが大量に導入されればされるほど、この残余需要の持続曲線は下方に下がることになるわけです。この図の左端のAの領域が需要逼迫にあたり、この需要逼迫の時間帯が年間どれくらい発生するか、その分を他の手段（可能であれば水力やバイオマス・地熱など他の再生可能エネルギー、揚水発電などのエネルギー貯蔵、他のエリアからの輸入、もちろん足りなければ火力発電）で補うことが可能かどうかが問題になります。もちろん、図3-6-1のLOLPの算出手法と同じように確率論で議論するのが科学的手法です。

図3-6-4　需要および残余需要の持続曲線

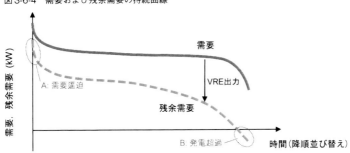

なお、図右下のBの領域は等価需要がマイナスになっている領域、すなわちVRE出力が需要を上回っている時間帯で、発電超過を表します。この発電超過に対しては、蓄電池…ではなく、まず既存の揚水発電所を用いた揚水動力（ポンプアップ）の利用や他のエリアへの輸出、そして次にVREの**出力抑制 curtailment**が考えられます。出力抑制は、本来発電できる電力を捨てることなので「もったいない！」という声も聞こえてきますが、それが少量（概ね5%程度）であれば、コストの高い新規デバイスである蓄電池を導入するよりも安く済む場合が多いです。ここは感覚論ではなく経済的に考えなければなりません。また特定の個人や業界の目先の損得ではなく、社会全体の便益を考えた最適解を社会全体で考えることが必要です（社会的便益については、本シリーズ『経済・政策編』第1章をご覧ください）。出力抑制については、次節3.7節の柔軟性の一手段として再び取り上げます。

3.7　柔軟性

　本節では、2.7節の「バックアップ電源」の対となるキーワードとして、**柔軟性 flexibility** を取り上げます。柔軟性は、VREの系統連系に関する国際的な議論において、今やなくてはならない最重要の用語です。そしてこの柔軟性は、単なる新しい言葉というだけでなく、新しい概念として重要です。

　2.7節で示したとおり、日本ではVREの導入には「バックアップ電源」や蓄電池が必要であるという認識が多いようです。しかし海外での論調は、蓄電池は最初に考えるべき選択肢にはならず、火力によるバックアップ電源もさまざまな柔軟性供給源の一つでしかないという見解の方が一般的です。

　柔軟性は、簡単にいうと「予備力」や「調整力」の上位概念であり、電力系統全体がもつ調整能力のことを意味します。

　柔軟性という用語は、2000年代頃から議論が進んでいる新しい用語および概念で、国際的にも「これがザ・柔軟性だ！」という決まった定義はまだありません。一般的に、ある新しい用語や概念は、初期の段階ではさまざまな研究者や研究機関が独自に提唱し、それが国際的な舞台（学術的な国際会議、国際規格、国際機関など）で徐々に合意形成が図られていくものです。

　柔軟性とは何か？　という議論は現在進行形で進んでいますが、筆者が目にした中では今のところ国際再生可能エネルギー機関 (IRENA) が2017年に公表した『再生可能な未来のための計画』[3.33]に、さまざまな文献の紹介も含め、わかりやすいまとめが掲載されています。幸い、この文

献は環境省のウェブサイトにて日本語で無料で公開されています。以下に文献[3.33]から引用します（下線部は筆者による。また、引用文中の文献は本書の引用文献番号に修正している）。

- 「柔軟性」はVRE連系の鍵としてますます認識されるようになっている。しかしこの概念の定義はその範囲も詳細内容も多様であり、さまざまな数値により測定される（中略）。
- 文献[3.34]では、<u>柔軟性には3つの区分がある</u>としている。<u>安定度、需給調整、およびアデカシー</u>である。定義の多くは、明示的であれ暗示的であれ、需給調整の文脈内で柔軟性を定義しており、主として周波数制御、負荷追従、および計画を意味している。需給調整は通常の運用条件下では周波数制御と関係しているが、安定度は偶発事象後に周波数と電圧を正常レベルに戻すための対応と関係する。
- 柔軟性のいくつかの定義では需給調整の要素が明示され、「<u>想定される、またはされない変動性に対応し、電力系統が発電と消費のバランスを調整できる程度</u>」[3.35]、あるいは「<u>需給バランスを調整し系統信頼度を維持するため必要な調整を行う能力</u>」[3.36]と説明されている。文献[3.37]で用いている運用柔軟性の定義はこの点に関してはより詳細であり、「<u>最小コストで系統を確実に運用しながら時間および分単位のタイムスケールで需給バランスを維持するため、電源の出力調整と起動停止を行う能力</u>」と説明している。
- 他の定義では、正常な運用条件のもとで「変動」や「変化」が起こることを暗に想定している。このような定義としては、「<u>増大する供給と需要の変動に適応し、同時に系統信頼度を維持する電力系統の能力</u>」[3.38]、IEA Wind Task25の風力発電連系研究の専門家報告[3.39]による「<u>さまざまなタイムスケールの変化に対応する電力系統の能力</u>」、米国立再生可能エネルギー研究所(NREL)による「<u>電力需要と発電の変化に対応する電力系統の能力</u>」[3.40]などがある。偶発事象による突然の変化（系統における発電ユニット

の故障など）は明示的には除外されている。ここでの重要な区別は、正常な運用のもとでは気象条件が必要性を促進するが、偶発事象後の必要性は必ずしもVREが原因であるとは限らないことである。

　定義文をずらずらと並べるだけではまだ十分にイメージしにくいと思うので、より具体的な国際エネルギー機関 (IEA) による分類を紹介します。上記の引用文でも挙げられた文献[3.35]によると、柔軟性は、

(1)　ディスパッチ可能（調整可能）な電源
(2)　エネルギー貯蔵
(3)　連系線
(4)　デマンドサイド

の4つに分類できます。
　(1)のディスパッチ可能（調整可能）な電源は、いわゆる「バックアップ電源」としてイメージされる火力発電がまず思い起こされます。しかし実はそれだけでなく、応答の速い貯水池式水力発電や小形ガスタービン・内燃機関による分散型コジェネレーション（熱電併給）も含まれます。また、(2)のエネルギー貯蔵は、高コストな新規設備である蓄電池ではなく、現在多くの電力系統に設置済の設備である揚水発電が第一に挙げられるというのは既に2.7節で示したとおりです。
　そして、(3)や(4)のような、従来の概念では調整力を供給するとはあまり考えられていなかった電力構成要素が取り上げられているのが重要です。(3)の連系線は流通設備であり、従来の「バックアップ電源」でイメージされるような電源設備ではないですが、隣接するエリアとの連系線（日本でいえば九州と中国の2つのエリアを結ぶ関門連系線など）をより有効にインテリジェントに運用することにより、連系線から柔軟性が供給されることになります。
　また、デマンドサイドの例としては需要を減少させるネガワット取引

などが挙げられます。需給が逼迫して電気が足りなくなりそうになる時間帯に、ある発電所の出力を1MW増加させる入札と、ある需要家の消費を1MW分減少（マイナスの電気＝ネガワット）させる入札は、電力市場においては等価です。このような従来の古典的な電力運用ではあまり考えられなかった手段も考慮されているのが、柔軟性という新しい概念の特徴の一つでもあります。

図3-7-1に、文献[3.35]で示された合理的な柔軟性の選択の考え方を日本語に翻訳して示します。

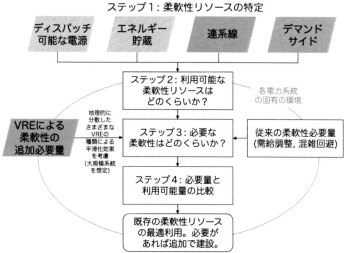

図3-7-1　合理的な柔軟性の選択方法

図で示された合理的な柔軟性の選択のステップとしては以下の手順を踏みます。

- **ステップ1**：対象となる国や地域の電力系統の中で、柔軟性を供給可能な電力設備がどこにどれくらいあるかを把握する。
- **ステップ2**：当該系統における利用可能な柔軟性がどれくらい存在するかを計上する。
- **ステップ3**：今後その地域にどのくらいのVREが導入されるかを

予測する。
- **ステップ4**：必要となる量と利用可能な量を比較する。

　以上のような手続きで合理的な柔軟性供給源を選択することにより、よりコストの安い既存の設備から順番に柔軟性を選択できるわけです。1.2節で示したように、世界中のさまざまな国やエリアにおける20～40％といったVRE導入率に対しても、このようなステップを踏むことにより十分に管理できることが理解できます。

　従来、古典的な電力システムの運用では予備力や調整力（2.5節参照）を担うのは火力だけ（場合によっては部分的に水力もあるが）だと考えられていたものが、実は柔軟性を供給できるリソースは火力だけでなく、エネルギー貯蔵や流通設備（連系線）、デマンドサイドなどさまざまな選択肢があるということを明示している点が重要になります。また、柔軟性の選択も段階を踏み、既存の柔軟性リソースから優先的に使い、将来足りなくなるようであれば追加で建設する、というコンセプトを明示的に打ち出していることです。

　一方、日本では、電力会社の意思決定層や政策決定者に柔軟性の概念が十分浸透せず、図3-7-1に示されるような合理的選択手順が取られていないのが現状です。まさに、1.1節で引用したとおり、国全体で「誤解、通説、更には誤った情報によって依然として歪められている」状況にあるといえます。

　ステップ1～3で現在既にある電力設備からどれほどの柔軟性が供給可能かを十分調査せず、既存設備を十分活用していない段階で、系統増強費用が発電事業者に請求されたり、蓄電池のような高コストな新規設備の導入が推奨もしくは事実上義務づけられたりするケースも見られています。日本での「系統連系問題」のほとんどが、この柔軟性のリソースの選択の手順が誤っていることから発生している、といっても過言ではないでしょう。

　残念なことに図3-7-1のようなとてもわかりやすい概念と方法論を示した文献[3.35]は未邦訳であり、それが故に多くの日本の人々（とりわけ政

策決定者やジャーナリスト）にこの情報が十分行き渡っていないようです。まさに言語の壁です。この文献がIEAから公表されたのは2011年であり、日本では原発事故と固定価格買取制度（FIT法）の国会可決がされた年にあたるという事実はまさに歴史的皮肉であるといえるでしょう。この点が、日本の「系統連系問題」の後進性を象徴的に物語っているといえます。

幸い、柔軟性という用語は国の審議会や新聞報道でも少しずつ登場するようになっており、今後着実に日本に浸透し議論が進むことが望まれます。

出力抑制イコール悪ではない

前節で出力抑制について少し触れたので、日本が今現状抱える問題（？）の一つである**出力抑制 curtailment**（出力制御という用語も用いられます）について短く言及します。結論を先にいうと、この出力抑制はVREが比較的簡単に電力系統に供給できる柔軟性の一つと見ることができ、決してネガティブな意味だけではないことに注意が必要です。

2018年10月13日に、日本では事実上初めての再生可能エネルギーの出力抑制（出力制御）が発生し、いくつかの新聞では一面トップで取り上げられました。筆者はちょうど海外出張中で地球の裏側にいたということもあり、この「狂想曲」とも言える過熱報道に対してやや冷めた目線で（今時の言葉を使えば「生温かく」）見守っていました。結論を先取りすると、日本全体で出力抑制に関して大きな誤解があり、「見たこともない幽霊」に対して見たことがない故に不安や疑心暗鬼を煽る言説が流布しているように思えます。

再生可能エネルギーの出力抑制は、風力や太陽光などの発電所が一般送配電事業者の要請を受け、一時的に出力を低下させる行為を示します。風力や太陽光からの無料のエネルギーを捨ててしまうことになるため、「もったいない」という印象がありますが、ここでは単なる印象論や目先の損益ではなく、より広い視野で冷静に考える必要があります。

風力や太陽光の発電所で作られた電気を「絶対捨ててはいけない」という硬直的なルールにしたとすると（そんなことは現実的にはありませんが）、1年間のある瞬間に風力や太陽光の出力が需要よりも少しでも超えてしまうことが見込まれる場合、それ以上風力や太陽光の発電所を接続できなくなってしまい、図3-7-2の(a)の部分しか再エネは発電できません。しかし、「少しであれば捨ててもOK」（すなわち、図の(b)の部分を捨ててもOK）というルールにすると、より多くの風力・太陽光発電所を電力システムに接続できて、結果的により多くの年間発電電力量（図の(c)の部分に相当）を得ることができます。

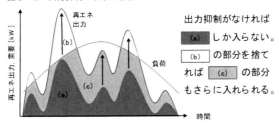

図3-7-2　出力抑制の本来の意義

　しかも、(b)の部分が「ほんの少し」の場合、仮に蓄電池のようなコストの高い新規デバイスを用いてこの分を回収しようとすると、却って無駄にコストが増えてしまいます。出力抑制は蓄電池などの他の手段より安価に実施できます。この部分を捨てるのは一見もったいないように見えて実は経済合理性のある選択肢になり得ます。このように、「絶対捨ててはいけない」ではなく「少しであれば捨ててもOK」というのが本来の出力抑制の考え方であり、それ自体決してネガティブな意味をもつわけではありません。

　もちろん、ここで「少し」とはどれくらいか？　という疑問が発生します。出力抑制は海外でも発生しています。再生可能エネルギーの大量導入が進む欧州の事例は図3-7-3のとおりです。この図は筆者も参加するIEA Wind Task25で筆者が中心となって調査し、マクロ的な国際比較分析を行った結果をまとめたグラフです[3.41]。この図から、多くの国では

概ね5%以下の値で推移していることがわかります。

　図は横軸が風力＋太陽光の導入率（発電電力量(kWh)ベース）、縦軸に風力＋太陽光の出力抑制率（風力＋太陽光の年間発電電力量に対する逸失電力量の割合）の相関を取っています。イタリアと英国は例外で、VREの導入当初、出力抑制をたくさん発生させてしまいましたが、電力システムの運用方法を変更するなど改善を行った結果、VREを増やしながらも徐々に出力抑制が低減する結果となっています。その他の国々も導入率が増えるに従って徐々に抑制率が増える傾向にありますが、概ね5%以内に収めるように努力を図っている結果が見てとれます。同じ欧州内といっても、連系線が豊富なドイツと島国であるアイルランドや英国など電力システムの構成環境はさまざまですが、いずれも「概ね5%以下」という数値は先行事例から得られた貴重な指標であると言えます。

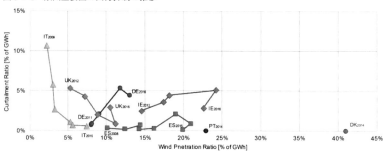

図3-7-3　欧州主要国の出力抑制の推移

　ところが日本では、2015年2月に開催された経済産業省の系統ワーキンググループにおいて、10%以上の（発電所の建設時期によっては30%以上の）出力抑制の可能性があることが各電力会社から試算されました[3.42]。このような試算は再エネ事業者の事業リスクを無用に押し上げ、「もしかしたら出力抑制は「少し」ではないかもしれない」という疑心暗鬼が再エネ事業者や市民の間で広まる遠因となっています。

　九州電力が公表する系統情報のウェブサイト[3.43]からダウンロードできるデータに基づき、筆者が試算したところ、2018年のVRE出力抑制率は0.22%（太陽光のみだと0.23%、風力のみは0.04%）、2019年上半期（1

〜6月）は4.65％でした（太陽光は4.83％、風力は1.56％）。2019年は欧州の先行事例から比較するとやや「危険水域」に近づきつつありますが、1年間を通してのデータを見て評価すべきなので、ここは冷静に推移を見守りたいと思います。

　もちろん、現在の日本の制度や市場設計も完璧ではなく、進化の途上です。それ故、理論通りではない不合理なルールも残っており改善の余地も存在するのは事実です。例えば、現在のルールでは再エネ発電所の出力抑制を実施するかどうか判断をするのに、実供給の2日前の予測を使っています。欧州の一部の国では再エネ発電所でも実供給の5分前に当日市場に入札できる時代なのに、2日前も前の予測に基づいて決めるという硬直的なやり方が残っているということは、まさに日本の電力システムのIT化の遅れを象徴しているといえるでしょう。実際、規制機関である電力・ガス取引監視等委員会でもこの点について憂慮を示しており [3.44]、改善の方向で議論が進んでいます。

　出力抑制を議論する際に注意すべきなのは、単に「出力抑制があるか／ないか」で過剰反応になったり、誰が儲かる／損するという表面的で感情的な問題に矮小化しないことです。議論すべきは、抑制率が年間で何％であったのか？ それが風力＋太陽光導入率と比べてどのような相関をもつか？ 過去数年の履歴に対してどのような傾向で推移しているのか？ という点を定量的に評価することです。社会コストを最小化しながら再エネ大量導入を実現するにはどのような手段があるのかという観点や国際動向を念頭に置きながら、冷静で定量的な議論が望まれます。

風車が供給する柔軟性

　風力や太陽光などの変動性再生可能エネルギー (VRE) は、出力が変動する故に「電力システムに迷惑をかける」というイメージが強いですが（極端な場合は「再エネは不安定電源」という言説になります）、現在のテクノロジーでは電力システムに事故があった際にそれを助ける能力も搭載されているということは、一般にはあまり知られていません。柔軟

性を供給するのは火力発電だけではない、ということは既に示したとおりですが、実は風車も柔軟性を供給できる能力をもっています。

　陸上・洋上にかかわらず、ある程度の規模をもつ風力発電所に対して、欧州で一般的に求められる制御性能の要求事項を図3-7-4に示します。図中の「利用可能な電力」とは、その時間帯に予想される風況の範囲内で得られる最大出力であり、特別な要請がない限り発電事業者はこの値を出力します。当然ながら、実際の風況以上に出力を増加させることは不可能ですが、下方への制御は常に可能です。

図3-7-4　風力発電所に求められる制御性能

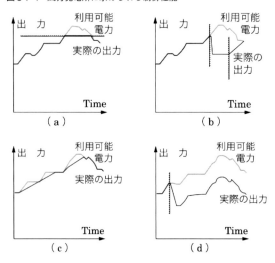

　図(a)は有効電力制御の一種ですが、これは前項で取り上げた出力抑制です。出力抑制はまさにVREが供給する柔軟性の一種なのです。電力市場の整備が進んだ欧州では、需要が少なくなり電力の供給超過になるとしばしばネガティブプライス（負の市場価格）がつく場合もあります。そのため、市場直接取引をする再エネ発電事業者は自らが積極的に出力を減らすなど、系統運用者からの要請や指令によらず、市場取引ベースで「自主的な出力抑制」が行われる場合もあります。この現象は、筆者が所属するIEA Wind Task25の専門家会合で調査したところ、デンマーク、スペイン、米国の一部の地域で既に発生していることが明らかにな

りました（各送電会社・機関の未公開情報による。いずれ論文などにまとめて公表する予定です）。

　図(b)の需給バランス制御も基本的には(a)と同じコンセプトですが、系統運用者が系統セキュリティ上大きな下方予備力を必要とする場合に、高速で応答可能な下方予備力を提供する性能を表しています。

　また、図(c)は急激な上方変化速度（ランプ）を抑制するためのランプ制御といわれる制御方法です。これらは、系統運用者がさまざまな応答速度の予備力を調達する際に有用です。

　さらに、図(d)はデルタ制御と呼ばれる方式で、風力発電所を事前にわざと部分負荷運転して、系統運用者が必要とした際に上方・下方の両方向の予備力が提供可能となる方式です。わざと部分負荷運転するということは、燃料が無料の風のエネルギーをわざと捨てることを意味します。なぜこんな方法をわざわざ採るかというと、電力市場の取引のやり方次第ではその方が儲かるからです。

　電力市場が発達した欧州や北米では、1日前に閉場（ゲートクローズ）する前日市場と、数時間前（場合によっては数分前）に閉場する当日市場（北米ではリアルタイム市場と呼ばれます）が開設されています。さらに、実供給直前の不慮の系統事故や負荷急変に対応するために、需給調整市場と呼ばれる市場も開設されています（日本ではまだ議論中）。

　そのため、同じ電力市場でもどの市場に発電所の電気を売るか、戦略的な要素が出てきます。例えば、前日市場のスポット価格（市場卸価格）は日本円にして4〜7円/kWh程度で推移するのが一般ですが、需要が急峻に立ち上がる朝や夕方などでは需給調整市場の落札価格がその数倍になることもあります。その場合、風がたくさん吹いて電気が余り気味であればスポット価格も安くしか売れないため、狙った時間帯の数時間前にわざと出力を落として（若干のエネルギーを捨てて）、必要な時に上方予備力を普段の数倍の価格で売る、という行動を取ることも可能です。

　このあたりの戦略的行動は、電力市場が十分整備されていない日本の読者にとってはちんぷんかんぷんかもしれません。これらについては電力市場とは何かという基礎的なことも踏まえながら本シリーズ続編の『電

力市場編』で詳しく解説したいと思います。

このような変動性再生可能エネルギー (VRE) の戦略的市場行動は、現在の日本ではまだ考えられないかもしれません。しかし電力市場が十分整備され、再エネ大量導入時代がやってくるのはもしかしたら数年後、あっという間かもしれません。いつまでも20世紀の古い考え方に染まっている場合ではないのです。

ここで、風力発電が供給できる予備力の最大の特徴は、その応答が極めて高速であるという点にあります。2000年代後半以降に製造された比較的新しい風車は、個々のブレード（翼）を独立に油圧もしくは電気モータを用いて翼根から回転させるフルスパンピッチ制御という制御を行っているため、非常に高速に出力を制御することが可能です。したがって、原理的には毎秒20％程度の出力変化速度（ランプ速度）を有しています[3.45]。これは、毎分数十％程度のガスタービンに比べ、はるかに高速で柔軟な制御性能を風車がもっていることを意味しています。このような風車のユニークな性能は、まだまだ一般には（電力工学の専門家にも）知られていないかもしれません。

以上のような風車の制御は、現在の日本の電力系統の運用形態からするとイメージしにくいですが、欧州や北米ではVREの予測技術と系統運用技術の連携・融合が進んでおり、さらには適切な電力市場設計が実現されているからこそ可能になっていると考えられます。

例えば、日本では「風力発電は風任せであてにならない」という印象が根強いですが、24時間前であれば比較的精度よく出力予測することが可能となっており、さらに3～4時間前、数十分前と実供給時間に近づくにつれ予測精度は格段に向上することが、欧州のこれまでの10年以上の実績で明らかになっています。

欧州や北米のように当日市場が整備されている地域では、1時間～数十分前の精度よく予測された風力発電や太陽光発電を入札できる仕組みが整っています。さらに確実性と即応性が求められる需給調整市場にも、従来型の火力発電だけでなく要求性能さえ満たせばVREも（さらに蓄電池やデマンドレスポンスも）平等に入札可能となっているのです。

第4章　おわりに：系統連系問題は市場参入障壁問題

本書では、再生可能エネルギーの系統連系問題について、そもそも何が問題になっているのか？ なぜ問題視されなければならないのか？ という疑問からスタートし、探求の旅を続けてきました。

　旅の終着点に到達し、これまで辿ってきた道のりを別の視点から振り返ってみましょう。本書では「古い時代の古い考え方」と「新しい時代の新しい考え方」を対比させながら新旧の概念や発想の違いを確認してきました。その結果、再エネの系統連系問題とは、新旧の考え方の違いから発生する新規テクノロジーに対する参入障壁であるということがわかりました。

　古い器に新しい技術を盛ることはできません。器を新しくしない限り新しいものが入らないのです。そしてその器を新しいものにするのは、古いものを否定したり何かとてつもなく困難な技術的課題を乗り越えて器を作り直すのではなく、法律や制度をちょっと変えるだけで済む場合が多いこともわかってきました。日本で「問題だ、問題だ」と言われているものが、実は一足先に電力自由化を実現した欧州や北米ではほとんど問題になっていなかったり、10〜20年前に解決した問題だったりすることもわかりました。

　系統連系問題とは、ずばり、新規テクノロジーに対する参入障壁をいかに取り除くか、という問題です。なぜ再エネという新規テクノロジーに対する参入障壁を取り除かなければならないかというと、その理由は以下のような流れになります（一部、本シリーズ『経済・政策編』の内容を含む）。

① そもそも、再エネは便益をもたらす。
② 再エネは気候変動対策の重要な切り札。
③ それ故、世界中で高い再エネ導入目標やシナリオが描かれている。
④ それ故、世界中で再エネおよび電力システムへの投資が進む。
⑤ それ故、世界中で再エネの参入障壁をできるだけ取り除く努力が行われている。

一方、別の流れとして、電力自由化という世界的潮流もあります。電力自由化は公平性や非差別性が基本理念であるため、再エネのような特定の電源（エネルギー源）を優遇するわけではありませんが、機会均等で新規参入者に対する参入障壁を下げなければならないという根本的な設計思想が各国の法律レベルで謳われています。特に北米では、特段再エネ導入を「国是」としているわけではないですが、新規技術に対する機会均等の考え方が色濃く出ています。この流れをまとめると以下のようになります（一部、本シリーズ『電力システム編』の内容を含む）。

⑥　世界中で電力自由化が進んでいる。
⑦　世界中で公平で透明な電力市場の設計が整備されている。
⑧　世界中で発送電分離が進んでいる。
⑨　世界中で電力システムの非差別的な利用が進んでいる。
⑩　それ故、新規電源の参入障壁をできるだけ取り除く努力が行われている。

　このような世界の潮流、そして21世紀の時代の動向を俯瞰すると、日本の「系統連系問題」を解決する方向は自ずと見えてきます。つまり、①②の認識を国民の間にもっと浸透させ、③④を政府や産業界にもっと働きかけ、法律や制度設計として⑤の議論を高めることが重要です。また、日本では⑥⑦⑧はまだ道半ばで議論の最中であり、そもそも⑨の考え方があるということを日本の多くの人に知ってもらう必要があります。そして、法律や制度設計レベルで⑩の議論が必要です。

　日本で系統連系問題というと、再エネという新規技術の方に技術的問題があるのでそれを解決しなければならないという認識の人が多いかもしれませんが、実は、電力システムという従来システムの方に制度的課題があるのでそれを解決しなければならない、というのが世界的な（そしてもちろん電力工学や経済学の理論上の）考え方です。
　系統連系問題は、純粋な技術的問題ではありません。もちろん、新

規テクノロジー故のユニークな特徴により、いくつか技術的に工夫しなければならない問題はあり、解決すべき課題はゼロではありませんが、本来、技術立国ニッポン、ものづくりニッポンであれば乗り越えられるはずのものです。系統連系問題の本質は、制度的な問題です。技術立国ニッポン、ものづくりニッポンだけを標榜してもそれを乗り越えることができません。

　系統連系問題が技術的問題だと思い込まされたまま、新規技術に対する参入障壁が高い差別的なフィールドで戦おうとしても、永遠にモグラ叩きをしながら次々と突きつけられる難題を解き続けなければならないことになってしまいます（今時の言葉でいえば「無理ゲー」です）。そしてその努力の結果は、ガラパゴス技術の量産の山となる可能性が大です。

　この悪夢のような無限ループから脱出するには、技術やものづくりだけではなく、制度やしくみづくりの観点が必要です。ハードウェアではなくソフトウェア、ソフトウェアよりプラットフォーム、プラットフォームよりシステム、システムより法制度、とより大きな体系まで視野を広げてグランドデザインを描かなければなりません。

　日本は本来IoT技術が得意なはずで、センシングやモニタリング技術もお家芸といってよい分野です。ものづくりだけにこだわって要素技術という歯車だけをピカピカに磨いたとしても、それらを組み合わせるシステム設計がお粗末だと、せっかくの歯車も動きません。電力システムのIoT化と最適システム設計、そして多くの人が参加できる魅力的で拡張性の高いプラットフォームの構築こそが重要です。

　この新規テクノロジー対古い電力システムの戦いの構図は、永遠に終わりのない悪夢の無限ループのように見えますが、<u>一つの明るい未来への扉として、2020年4月の発送電分離を挙げることができます</u>。

　発送電分離によって、送配電会社は独立会計となり、自ら稼がなければなりません。その主な収入は託送料金（ネットワークコスト）です。新生送配電会社は託送料金収入の収益性を高めるため、**実潮流**をセンシングやモニタリング技術でインテリジェントに観測・予測して今ある既存

の流通設備を賢く使い、エリア内にある既存設備から得られる**柔軟性**を賢く集めそれを活用し、**アデカシー**やセキュリティといった系統信頼度を効率よく維持するようになります。送配電会社から見れば全ての発電所や需要家は公平に扱わなければならないため、**間接オークション**などのような形で**非差別性**が徹底されるようになります。

　しばらくは今ある設備を賢く使いこなすことで経営効率を高めることになるでしょうが、将来のさらなる再エネ大量導入を見越して、送配電網への活発な投資が必要となります。送配電線の増強・新設費用は、新規参入者である再エネに課されるのではなく、**受益者負担の原則**という考え方で託送料金に課され、電力の最終消費者が広く薄く負担します。託送料金は若干上昇する可能性がありますが、国民は最終的にそれ以上の便益を受け取ることになります。その理論的根拠となるのが**費用便益分析**です。3.4節で見たとおり、再エネやそれを受け入れるための電力システムの増強・新設は便益を生みます。それ故、コスト負担増という目先の議論だけでなく、将来も見越した活発な投資が可能となります。発送電分離が一足お先に進んだ欧州では、実際にその現象が見られます。

　2020年4月以降に送配電会社の行動や発言がどのように変わるのかが一つの試金石になります。当初は再エネを受け入れるのに躊躇していた送配電会社も、結局、受け入れた方が投資が促進されイノベーションが活発になるとしたら、その方がよいと自ら積極的に舵を切るようになります。欧州の歴史が実際にそうでした。そのターニングポイントが日本にもやってきます。3.1節で見たとおり、「試行的な取り組み」として既にチェンジを進めている送配電会社もあります。

　逆にもし、2020年4月の発送電分離以降も、本書で取り上げた「新しい時代の新しい考え方」に何ら言及せず今まで通りの「古い時代の古い考え方」を続けている送配電会社があったとしたら、それは何が不合理な力が働いており、発送電分離で期待される改革が十分進んでいないことを意味します。

　2020年4月に予定されている発送電分離は**法的分離**といって競争部門の発電・小売会社と中立部門であるはずの送配電会社が同じホールディ

ングスやグループ会社の傘下に留まることが許されるシステムです。もしこれで変化が起きないあるいは変化が遅いとしたら、速やかに**所有権分離**の議論を進めるべきでしょう（発送電分離の種類については、本シリーズ『電力システム編』第3章を参照ください）。

　さて、系統連系問題を探る旅もそろそろ終着点に近づいてきました。今回の探求の旅では、あえて深入りせず軽く触れただけというテーマもあります。それは**電力市場**です。電力市場の設計は、本書で随所に登場する法制度の整備に直結しますが、これ自体がまだ日本であまり馴染みがないため、数ページで簡単に説明しきれるものではありません。
　例えばほんの少しだけ例を取ると、変動性再生可能エネルギー (VRE) の変動の予測精度を向上するにはどうすればよいかを、技術だけで解決しようとすると、気象観測やセンシング技術や予測アルゴリズムや…といった形で研究開発を進める、というのが技術立国ニッポンの多くの研究者・技術者の考え方だと思われます。しかし、全く別のやり方として、電力市場のゲートクローズ（市場閉場時間）を短くする、という制度上の変更も挙げられます。
　3.7節において日本では出力抑制の判断を2日前に行うということを紹介しましたが、これはあまりに未熟な極端な例としても、通常、スポット市場と呼ばれる前日市場（日本では1日前市場）のゲートクローズは実供給の前日のお昼や夕方です。当日市場（日本では時間前市場）のゲートクローズはもう少し短く、実供給の数時間前ですが、ドイツなどでは実供給の5分前まで入札が可能となっています。日頃の天気予報でも直感的にわかるとおり、週間予報より前日予報、前日予報より当日の各時間ごとのピンポイント予報の方が正確です。再エネの出力予測も、たとえ同じ予測アルゴリズムを使ったとしても前日より4時間前、4時間前より1時間前、1時間前より5分前の方が圧倒的に精度が良い結果となります。それ故、再エネ出力予測の精度を向上させるためには、技術だけで突破するのではなく市場設計を含む制度上の変更を行った方が効果的であることが世界中の多くの研究成果や商用実績から明らかになってい

ます。欧州ではこのゲートクローズの短時間化が10年以上前から議論され、それに従ってルール変更・システム変更を重ねてきました。日本はその間、何をしていたのでしょうか。

　このようなエピソードはまだまだほんの入り口に過ぎません。電力市場とは何か、何のためにあるのか、電力市場を使うことによって何がよくなるのか、などについて探求する旅は、本シリーズの続編である『電力市場編』で改めてじっくり深堀りすることにして、本書『系統連系編』の旅はこのあたりで終わらせたいと思います。第1章で紹介したとおり、変動性再生可能エネルギーをどれだけ大量に系統連系できるかどうかは、「技術的・実務的制約よりも、むしろ経済的・法制的枠組みである」、という言葉を置き土産として、一旦、筆を置きます。

参考資料

■本文中の参考文献

[1.1] 安田陽: 風力発電系統連系研究の系譜, 日本風力発電協会誌 JWPA 第9号, pp.33-40 (2013, 8)
http://jwpa.jp/2013_pdf/88-29tokushu.pdf

[1.2] European Wind Energy Association (EWEA): Powering Europe – wind energy and the power grid, EWEA (2010)
http://www.ewea.org/grids2010/fileadmin/documents/reports/grids_report.pdf
【邦訳】欧州風力エネルギー協会(EWEA): 風力発電の系統連系 〜欧州の最前線〜, 日本風力エネルギー学会 (2012).
http://www.jwea.or.jp/publication/PoweringEuropeJP.pdf

[1.3] 資源エネルギー庁: 2017年度(平成29年度)電力調査統計 2-(1) 発電実績 (2018)

[1.4] International Energy Agency (IEA): The Power of Transformation – Wind, Sun, and the Economic of flexible Power Resources (2014)
https://www.iea.org/publications/freepublications/publication/The_power_of_Transformation.pdf
【邦訳】国際エネルギー機関: 電力の変革 〜風力、太陽光、そして柔軟性のある電力系統の経済的価値, 国立研究開発法人 新エネルギー・産業技術総合開発機構 (NEDO) (2015)
https://www.nedo.go.jp/content/100643823.pdf

[1.5] IEA: System Integration of Renewables – An update on best practice (2018)
【邦訳】IEA: 再生可能エネルギーのシステム統合 〜ベストプラクティスの最新情報, NEDO (2018)
https://www.nedo.go.jp/content/100879811.pdf

[2.1] 安田陽: 送電線は行列のできるガラガラのそば屋さん？, インプレス R&D (2018)

[2.2] 安田陽: 送電線空容量問題の深層, 諸富徹編著:『入門 再生可能エネルギーと電力システム』, 第5章, 日本評論社 (2019)

[2.3] 安田陽: 送電線利用率分析と再生可能エネルギー大量導入に向けた送電線利用拡大への示唆, 電気学会新エネルギー・環境/高電圧合同研究会, FTE-18-029, HV-18-076 (2018, 6)

[2.4] 電気学会 競争環境下の新しい系統運用技術調査専門委員会: 競争環境下の新しい系統運用技術, 電気学会技術報告, No.1038 (2005) p.135

[2.5] 電力広域的運営推進機関: 欧米における送電線利用ルールおよびその運用実態に関する調査（平成30年度−海外調査）最終報告書 (2019) p.133

[2.6] Federal Energy Regulatory Committee (FERC): ORDER NO. 888 "Promoting Wholesale Competition Through Open Access Non-discriminatory Transmission Services by Public Utilities; Recovery of Stranded Costs by Public Utilities and Transmitting Utilities" (1996), p.160

[2.7] New York Independent System Operator: Guide 01 – Market Participants User's Guide (2018), p.11
https://www.nyiso.com/documents/20142/3625950/mpug.pdf/c6ca83ca-ee6b-e507-4580-0bf76cd1da1b

[2.8] 電力系統利用協議会 (ESCJ): 電力系統利用協議会ルール, 第29回改定版, 2013年6月18日, p.4-51およびp.4-74
【現在はこのルールは失効していることに留意】

[2.9] 電力広域的運営推進機関: 業務規程, 平成27年4月1日施行, 平成29年9月6日変更版 (2017), p.49

[2.10] 電力広域的運営推進機関: 連系線利用における間接オークションの開始について, 2018年10月1日
https://www.occto.or.jp/occtosystem/kansetsu_auction/oshirase/181001_kansetsuauction_kaishi.html

[2.11] 電力系統利用協議会 (ESCJ): 電力系統利用協議会ルール, 第29回改定版, 2013年6月18日, p.3-25

【現在はこのルールは失効していることに留意】

[2.12] P. E. Morthorst and T. Ackermann: "Economic Aspects of Wind Power in Power Systems", Chapt. 22 in "WIND POWER IN POWER SYSTEMS, EDITION 2" ed. by T. Ackermann, Wiley (2012)

【邦訳】T.アッカーマン編著:「電力系統における風力発電の経済的側面」,『風力発電導入のための電力系統工学』, オーム社, 第22章(2013)

[2.13] 岡田健司, 田頭直人: 欧州での再生可能エネルギー発電設備の系統接続等に伴う費用負担の動向, 電力中央研究所報告 Y081019 (2009)

[2.14] 経済産業省 資源エネルギー庁 電力・ガス事業部: 発電設備の設置に伴う電力系統の増強及び事業者の費用負担の在り方に関する指針 (2015)

http://www.enecho.meti.go.jp/category/electricity_and_gas/electric/summary/regulations/pdf/h27hiyoufutangl.pdf

[2.15] 安田陽: 再生可能エネルギーの便益が語られない日本, 京都大学再生可能エネルギー経済学講座ディスカッションペーパー, No.1 (2019)

http://www.econ.kyoto-u.ac.jp/renewable_energy/stage2/pbfile/m000153/REEKU_DP001.pdf

[2.16] 電力広域的運営推進機関ウェブサイト: 電源接続案件募集プロセス 実施中案件の更新情報

https://www.occto.or.jp/access/process/boshu_process_oshirase.html

[2.17] 電力広域的運営推進機関: 送配電等業務指針, 平成27年4月1日施行, 令和元年7月1日変更版 (2019), p.47

[2.18] 電力広域的運営推進機関: 業務規程, 平成27年4月1日施行, 令和元年7月1日変更版 (2019), p.29

[2.19] 山家公雄: 送電線空容量ゼロ問題, インプレスR&D (2018), p.82

[2.20] 日本風力発電協会 (JWPA) ウェブサイト: 協会活動 電源接続案件募集プロセスの慎重な対応を経済産業省に請願, 2017年12月22日

http://jwpa.jp/page_255_jwpa/detail.html

[2.21] 日本太陽光発電協会 (JPEA)：「FIT入札」に関するアンケート調査 (2018)

http://www.jpea.gr.jp/pdf/t180117.pdf

[2.22] 電気学会 給電用語の解説調査専門委員会: 給電用語の解説, 電気学会技術報告, No.997 (2004)

[2.23] 安田陽: ブラックアウトは電力会社のせいか －北海道ブラックアウトからの教訓, シノドス, 2018年9月19日

https://synodos.jp/society/22150

[2.24] Bernhard Ernst et al.: "Balancing Wind Energy Within the South African Power System", 15h Wind Integration Workshop, WIW16-032 (2016)

[2.25] 岡本浩、藤森礼一郎：「Dr.オカモトの系統ゼミナール」、日本電気協会新聞部（2008）

[2.26] Intergovernmental Panel on Climate Change (IPCC): Special Report on Renewable Energy Sources and Climate Change Mitigation, Working Group III (2011)

【邦訳】気候変動に関する政府間パネル第三部会, 環境省訳:「再生可能エネルギー源と気候変動緩和に関する特別報告書」, 環境省 (2013)

http://www.env.go.jp/earth/ipcc/special_reports/srren/

[2.27] IEA: Harnessing Variable Renewables — A Guide to the Balancing Challenge (2011)

[2.28] International Energy Agency (IEA): The Power of Transformation – Wind, Sun, and the Economic of flexible Power Resources (2014)

https://www.iea.org/publications/freepublications/publication/The_power_of_Transformation.pdf

【邦訳】国際エネルギー機関: 電力の変革 〜風力、太陽光、そして柔軟性のある電力系統の経済的価値, 国立研究開発法人 新エネルギー・産業技術総合開発機構 (NEDO) (2015)

https://www.nedo.go.jp/content/100643823.pdf

[2.29] Nuclear Energy Agency (NEA): Nuclear Energy and Renewables – System Effects in Low-carbon Electricity Systems (2012)

[2.30] International Electrotechnical Committee (IEC): White Paper on "Grid integration of large-capacity Renewable Energy sources and use of large-capacity Electrical Energy Storage" (2011)

[2.31] Hulle, F. van et al.: Integrating Wind – Developing Europe's power market for the large-scale integration of wind power, Final Report of TradeWind (2009)

【邦訳】F. ファン・ヒューレ他: 「風力発電の市場統合と系統連系～風力発電の大規模系統連系のための欧州電力市場の発展」, 日本電機工業会 (2013)

[2.32] European Wind Integration Study (EWIS): European Wind Integration Study – Towards A Successful Integration of Large Scale Wind Power into European Electricity Grids, EWIS Final Report (2010)

[2.33] European Network of Transmission System Operators of Electricity (ENTSO-E): Ten-Year Network Development Plan 2014 (2014)

[2.34] Eurelectric: Flexible generation: Backing up renewables (2011)

[2.35] Federal Energy Regulatory Commission (FERC): Transmission Planning and Cost Allocation by Transmission Owning and Operating Public Utilities, Docket No. RM10-23-000; Order No. 1000 (2012)

[2.36] North American Electricity Reliability Council (NERC): Accommodating High Levels of Variable Generation (2009)

[2.37] 電力広域的運営推進機関: 調整力等に関する委員会 中間とりまとめ (2016)
https://www.occto.or.jp/iinkai/chouseiryoku/files/chousei_chuukantorimatome.pdf

[2.38] Electric Power Research Institute (EPRI): "Electricity Energy Storage Technology Options – A White Paper Primer on Applications, Costs, and Benefits" (2010)

[2.39] IEC: White Paper on "Grid integration of large-capacity Renewable Energy sources and use of large-capacity Electrical Energy Storage" (2011)

[2.40] 中山琢夫: 太陽光発電と蓄電池で再生可能エネルギーをシェアリングするVPP, 京都大学再生可能エネルギー経済学講座コラム, No.135, 2019年7月11日

http://www.econ.kyoto-u.ac.jp/renewable_energy/stage2/contents/column0135.html

[2.41] エネルギー経済研究所新エネルギー・国際協力支援ユニット新エネルギーグループ:「豪州:再エネ＋エネ貯蔵の導入が拡大、蓄電池価格の低下も追い風」, IEEJ (2018.8)

https://eneken.ieej.or.jp/data/7509.pdf

[2.42] Gigazin:「テスラによる世界最大規模の蓄電システムが約45億円もの節約に貢献し大成功を収める」(2018.12)

https://gigazine.net/news/20181207-hornsdale-power-reserve/

[2.43] Australian Energy Market Operator (AEMO): South Australian Electricity Report (2018.11)

https://www.aemo.com.au/-/media/Files/Electricity/NEM/Planning_and_Forecasting/SA_Advisory/2018/2018-South-Australian-Electricity-Report.pdf

[3.1] 東京電力パワーグリッド: 千葉方面における再生可能エネルギーの効率的な導入拡大に向けた「試行的な取り組み」について, 2019年5月17日

http://www.tepco.co.jp/pg/company/press-information/press/2019/1515133_8614.html

[3.2] 東京電力パワーグリッド: 千葉方面における再生可能エネルギーの効率的な導入拡大に向けた「試行的な取り組み」について（別紙）, 2019年5月17日

http://www.tepco.co.jp/pg/company/press-information/press/2019/

pdf/190517j0101.pdf

[3.3] Federal Energy Regulatory Committee (FERC): ORDER NO. 888 "Promoting Wholesale Competition Through Open Access Non-discriminatory Transmission Services by Public Utilities; Recovery of Stranded Costs by Public Utilities and Transmitting Utilities"（1996）

[3.4] W. W. Hogan: Contract Networks for Electric Power Transmission: Technical Reference (1990) (revised 1992)

https://sites.hks.harvard.edu/fs/whogan/acnetref.pdf

[3.5] 内藤克彦: 欧米の電力システム改革からの示唆, 諸富徹編著:『入門 再生可能エネルギーと電力システム』, 第6章, 日本評論社 (2019)

[3.6] 電力広域的運営推進機関: 地域間連系線の利用ルール等に関する検討会 平成28年度(2016年度) 中間取りまとめ, 2017年3月

https://www.occto.or.jp/iinkai/renkeisenriyou/files/renkeisen_2016chuukantorimatome.pdf.pdf

[3.7] 電力広域的運営推進機関: 連系線利用における間接オークションの開始について, 2018年10月1日

https://www.occto.or.jp/occtosystem/kansetsu_auction/oshirase/181001_kansetsuauction_kaishi.html

[3.8] FERC: OREDER No. 1000 "Transmission Planning and Cost Allocation by Transmission Owning and Operating Public Utilities"（2011）

[3.9] European Union: Directive 2009/72/EC of the European Parliament and of the Council of 13 July 2009 concerning common rules for the internal market in electricity and repealing Directive 2003/54/EC

[3.10] European Union: Directive 2009/28/EC of the European Parliament and of the Council of 23 April 2009 on the promotion of the use of energy from renewable sources and amending and subsequently repealing Directives 2001/77/EC and 2003/30/EC

[3.11] 日本国: 電気事業法, 平成29年5月31日公布（平成29年法律第41号）改正

　　　　https://elaws.e-gov.go.jp/search/elawsSearch/elaws_search/lsg0500/detail?lawId=339AC0000000170

[3.12] 東京電力: 託送供給等約款, 平成29年4月1日実施

　　　　http://www.tepco.co.jp/pg/consignment/notification/pdf/yakkan2904-j.pdf

[3.13] 電力広域的運営推進機関: 送配電等業務指針, 平成27年4月1日施行, 令和元年7月1日変更版 (2019)

[3.14] 経済産業省 資源エネルギー庁 電力・ガス事業部: 発電設備の設置に伴う電力系統の増強及び事業者の費用負担の在り方に関する指針 (2015)

　　　　http://www.enecho.meti.go.jp/category/electricity_and_gas/electric/summary/regulations/pdf/h27hiyoufutangl.pdf

[3.15] 電力広域的運営推進機関: 業務規程, 平成27年4月1日施行, 令和元年7月1日変更版 (2019)

[3.16] 朝日新聞:「送電線接続で不合理な負担金」太陽光業者が東北電提訴, 2018年6月27日

　　　　https://www.asahi.com/articles/ASM6P4JFJM6PULZU009.html

[3.17] 千葉恒久: ドイツは送電網の壁をどう乗り越えたのか, 気候ネットワーク通信, 第119号, pp.6-7, 2018年3月1日

　　　　https://www.kikonet.org/wp/wp-content/uploads/2017/11/NL119.pdf

[3.18] 経済産業省: 平成26年度新エネルギー等導入促進基礎調査 (再生可能エネルギー導入拡大のための広域連系インフラの強化等に関する調査) 業務報告書 (2015)

　　　　http://www.meti.go.jp/meti_lib/report/2015fy/000177.pdf

[3.19] 電力系統利用協議会 (ESCJ): 電力系統利用協議会ルール, 第29回改定版, 2013年6月18日

　　　　【現在はこのルールは失効していることに留意】

[3.20] A. E. ボードマン他: 費用・便益分析 – 公共プロジェクトの評価手法の理論と実践, ピアソン (2004), p.5

[3.21] T. F. ナス: 費用便益分析 – 理論と応用, 勁草書房 (2007) p.217 監訳者あとがき

[3.22] Decision No. 1364/2006/EC of the European Parliament and of the Council of 6 September 2006 laying down guidelines for trans-European energy networks and repealing Decision 96/391/EC and Decision No 1229/2003/EC

[3.23] ENTSO-E: TYNDP 2018 Executive Report (2018)

[3.24] ENTSO-E: TYNDP CBA from assessment indicators to investment decisions (2018)

[3.25] 岡田, 丸山:「欧州における発送電分離後の送電系統増強の仕組みとその課題」, 電力中央研究所報告 Y14019 (2015)

[3.26] International Energy Agency (IEA): World Energy Investment (2019)

[3.27] C. D. エスポスティ:「風力発電の大規模系統連系と電力市場」, J. トワイデル, G. ガウディオージ編, 日本風力エネルギー学会訳:「洋上風力発電」第7章, 鹿島出版会 (2011)

[3.28] 電力広域的運営推進機関ウェブサイト: 電力レジリエンス等に関する小委員会

https://www.occto.or.jp/iinkai/kouikikeitouseibi/

[3.29] 経済産業省ウェブサイト: 脱炭素化社会に向けた電力レジリエンス小委員会

https://www.meti.go.jp/shingikai/enecho/denryoku_gas/datsu_tansoka/index.html

[3.30] 電力広域的運営推進機関: 北本の更なる増強等の検討, 電力レジリエンス等に関する小委員会第6回資料3, 2019年4月26日（2019年5月10日一部修正）

https://www.occto.or.jp/iinkai/kouikikeitouseibi/resilience/2018/files/resilience_06_03_01.pdf

[3.31] 経済産業省 脱炭素化社会に向けた電力レジリエンス小委員会: 中間整理, 2019年8月20日, p.17

https://www.meti.go.jp/shingikai/enecho/denryoku_gas/

datsu_tansoka/20190730_report.html

[3.32] 電気学会 給電用語の解説調査専門委員会: 給電用語の解説, 電気学会技術報告, No.997 (2004)

[3.33] International Renewable Energy Agency (IRENA): Planning for Renewable Future (2017)

【邦訳】国際再生可能エネルギー機関: 再生可能な未来のための計画, 環境省 (2018)

http://www.env.go.jp/earth/report/h30-01/ref01.pdf

[3.34] IEA: Energy Technology Perspectives 2012 — Pathways to a Clean Energy System (2012)

[3.35] IEA: Harnessing Variable Renewables — A Guide to the Balancing Challenge (2011)

[3.36] K. Dragoon, G. Papaefthymiou: Power System Flexibility Strategic Roadmap - Preparing Power Systems to Supply Reliable Power from Variable Energy Resources (No. POWDE15750), Ecofys Germany GmbH (2015)

[3.37] Electric Power Research Institute (EPRI): Metrics for quantifying flexibility in power system planning, Technical Paper Series (2014)

[3.38] Council of European Energy Regulators (CEER): Scoping of Flexible Response (2016)

[3.39] IEA Wind Task25: Expert Group Report on Recommended Practices — 16. Wind Integration Studies (2013)

[3.40] National Renewable Energy Laboratory (NREL): Sources of operational flexibility, NREL/FS-6A20-63039 (2015)

[3.41] H. Holttinen et al.: Design and operation of power systems with large amounts of wind power, Final summary report, IEA WIND Task 25, Phase four 2015– 2017 (2018)

[3.42] 経済産業省: 第5回 総合資源エネルギー調査会 省エネルギー・新エネルギー分科会新エネルギー小委員会 系統ワーキンググループ

https://www.meti.go.jp/shingikai/enecho/shoene_shinene/

shin_energy/keito_wg/005.html

[3.43] 九州電力ウェブサイト: 系統情報の公開

http://www.kyuden.co.jp/wheeling_disclosure.html

[3.44] 電力・ガス取引監視等委員会: 今秋の再生可能エネルギー出力制御時の卸電力市場の状況及び今後の対応について, 第35回制度設計専門会合, 資料7, 2018年12月17日

[3.45] T. Ackermann ed.: WIND POWER IN POWER SYSTEMS, 2ND EDITION, Wiley (2012)

【邦訳】T. アッカーマン編著: 風力発電導入のための電力系統工学, オーム社 (2013), p.913

■図表出典等

※「出典」と表記しているものは、元資料をそのまま掲載したものです。「データソース」と記載しているものは、元資料のデータを用いて筆者がグラフ化、図表作成を行ったものです。記載のないものは筆者のオリジナル資料です。

図1-2-1 （出典）IEA: 再生可能エネルギーのシステム統合 〜ベストプラクティスの最新情報, NEDO (2018), p.20

https://www.nedo.go.jp/content/100879811.pdf

表1-2-1 （出典）同上, p.20

図1-2-2 （データソース）資源エネルギー庁: 2017年度(平成29年度)電力調査統計 2-(1) 発電実績 (2018)

(データソース) 日本政府: エネルギー基本計画 (2018)

図1-2-3 IEA: World Energy Outlook 2018 (2018)

図1-2-4 （出典） ENTSO-E: "TYNDP Scenario Report – Main Report" (2018) に筆者加筆

表2-1-1 （データソース）山家公雄: 送電線空容量ゼロ問題, インプレスR&D (2018), p.75

図2-1-1　（出典）安田陽: 送電線は行列のできるガラガラのそば屋さん？, インプレスR&D (2018), p.8

図2-1-2　（出典）同上, p.8

図2-1-3　（出典）経済産業省資源エネルギー庁: スペシャルコンテンツ送電線「空き容量ゼロ」は本当に「ゼロ」なのか？〜再エネ大量導入に向けた取り組み, 2017年12月26日

https://www.enecho.meti.go.jp/about/special/johoteikyo/akiyouryou.html

図2-1-4　（出典）図2-1-1に同じ, p.14

図2-2-1　（出典）電力広域的運営推進機関: 基幹送電線の利用率の考え方と最大利用率実績について, 広域整備委員会第30回資料3, 2018年2月14日, p.11

https://www.occto.or.jp/iinkai/kouikikeitouseibi/2017/files/seibi_30_03_01.pdf

図2-2-2　（出典）電力広域的運営推進機関ウェブサイト: 送配電設備の公平・公正かつ効率的利用の推進を行います, 2018年10月1日

https://www.occto.or.jp/occto/about_occto/riyoukankyouseibi.html

図2-3-1　（出典）電力広域的運営推進機関: 地域間連系線利用ルール等に関する検討会（連系線の送電容量割当て方式の概要）, 地域間連系線の利用ルール等に関する検討会第1回資料5, 平成28年9月1日, p.3

https://www.occto.or.jp/iinkai/renkeisenriyou/2016/files/renkeisen_kentoukai_01_05.pdf

図2-3-2　（出典）同上, p.4

表2-4-1　（出典）安田陽: 系統連系問題, 植田和弘・山家公雄編:『再生可能エネルギー政策の国際比較 〜日本の変革のために』, 第6章, 京都大学学術出版会 (2017), p.213

図2-4-2　（出典）経済産業省 資源エネルギー庁 電力・ガス事業部: 発電設備の設置に伴う電力系統の増強及び事業者の費用負担の在り

方に関する指針 (2015)

http://www.enecho.meti.go.jp/category/electricity_and_gas/electric/summary/regulations/pdf/h27hiyoufutangl.pdf

図2-6-2 （出典）T. Ackermann: Wind Power Development in Europe – Experiences and Lessons Learned, WWFジャパンセミナー 風力発電大量導入へ向けての挑戦, 2014年1月31日（図中文字は筆者英訳）

図2-6-3 （出典）P. Rosas et al.: Dynamic Influence of Wind Power on the Power Systems, Technical University of Denmark (2004)（図中文字は筆者英訳）

表2-7-1 （参考）安田陽: 系統連系問題, 植田和弘・山家公雄編:『再生可能エネルギー政策の国際比較 〜日本の変革のために』, 第6章, 京都大学学術出版会 (2017) を一部改変

図2-7-1 （データソース）IEEE: IEE Explore のデータベースより筆者調べ

図2-7-2 （参考）電力広域的運営推進機関 調整力等に関する委員会: 中間とりまとめ (2016), 付属資料S-1 の図を抽出して筆者改変

図2-7-3 （参考）ENTSO-E: Explanatory document concerning proposal from all TSOs of the Nordic synchronous area for the determination of LFC blocks within the Nordic Synchronous Area in accordance with Article 141(2) of the Commission Regulation (EU) 2017/1485 of 2 August 2017 establishing a guideline on electricity transmission system operation (2018), p.6 の図を抽出して筆者改変

図2-7-4 （出典）電力広域的運営推進機関 調整力等に関する委員会: 中間とりまとめ (2016), p.7

表2-7-2 （出典）安田陽: もしかして日本の蓄電池開発はガラパゴス？（後編）, 欧州の風力発電最前線第5回, Vol.4, No.7, pp.22-27 (2015)

（参考）Electric Power Research Institute (EPRI): "Electricity Energy Storage Technology Options – A White Paper Primer on Applications, Costs, and Benefits" (2010), p.xv の表を抜粋して筆者翻訳

表2-7-3　（出典）安田陽: もしかして日本の蓄電池開発はガラパゴス？（後編）,欧州の風力発電最前線第5回, Vol.4, No.7, pp.22-27 (2015)

　　　　　（参考）IEC: White Paper on "Grid integration of large-capacity Renewable Energy sources and use of large-capacity Electrical Energy Storage" (2011), p.89の表を抜粋して筆者翻訳

図2-7-5　（出典）IEA Wind Task25: Facts Sheet – System Integration Issue (ca2015), p3（図中文字は筆者翻訳）

　　　　　https://higherlogicdownload.s3.amazonaws.com/IEAWIND/4ab049c9-04ed-4f90-b562-e6d02033b04b/UploadedFiles/6V0WYoHHRAyTXOU9Nz3j_Integration_FS_Nov%202017.pdf

図3-1-1　（出典）東京電力パワーグリッド: 千葉方面における再生可能エネルギーの効率的な導入拡大に向けた「試行的な取り組み」について（別紙）, 2019年5月17日

図3-1-2　（出典）東京電力パワーグリッド: 千葉方面における再生可能エネルギーの効率的な導入拡大に向けた「試行的な取り組み」について（別紙）, 2019年5月17日

図3-1-3　（参考）内藤克彦: 欧米の電力システム改革からの示唆, 諸富徹編著:『入門 再生可能エネルギーと電力システム』, 第6章, 日本評論社 (2019), p.189の図を筆者改変

図3-1-5　（出典）Ampacimon社より提供

図3-2-1　（出典）電力広域的運営推進機関: 地域間連系線の利用ルール等に関する検討会平成28年度(2016年度) 中間取りまとめ, 2017年3月, p.8

　　　　　https://www.occto.or.jp/iinkai/renkeisenriyou/files/renkeisen_2016chuukantorimatome.pdf.pdf

表3-4-1　（出典）電力広域的運営推進機関: 送配電等業務指針, 2019年7月1日変更, p.24

　　　　　https://www.occto.or.jp/article/files/shishin1907.pdf

図3-5-1　IRENA: REmap: Roadmap for A Renewable Energy Future (2016 edition) (2016)
https://www.irena.org/publications/2016/Mar/REmap-Roadmap-for-A-Renewable-Energy-Future-2016-Edition

図3-5-2　European Commission: Projects of Common Interest – Interactive Map
http://ec.europa.eu/energy/infrastructure/transparency_platform/map-viewer/

図3-5-3　（出典）図1-2-4に同じ

図3-5-4　（データソース）International Energy Agency (IEA): World Energy Investment (2019)

図3-5-5　（出典）電力広域的運営推進機関: 北本の更なる増強等の検討, 電力レジリエンス等に関する小委員会第3回資料2, 2019年2月22日, p.8
https://www.occto.or.jp/iinkai/kouikikeitouseibi/resilience/2018/files/resilience_03_02_01.pdf

表3-5-1　（出典）電力広域的運営推進機関: 北本の更なる増強等の検討, 電力レジリエンス等に関する小委員会第6回資料3, 2019年4月26日（2019年5月10日一部修正）, p.37
https://www.occto.or.jp/iinkai/kouikikeitouseibi/resilience/2018/files/resilience_06_03_01.pdf

図3-5-7　（出典）安田陽: 再生可能エネルギーの便益が語られない日本, 京都大学再生可能エネルギー経済学講座ディスカッションペーパー, No.1 (2019)
http://www.econ.kyoto-u.ac.jp/renewable_energy/stage2/pbfile/m000153/ REEKU_DP001.pdf

図3-6-1　（出典）安田陽: 世界の再生可能エネルギーと電力システム 〜電力システム編, インプレスR&D (2018)

図3-6-2　（出典）H. Holttinen et al.: Design and operation of power systems with large amounts of wind power, Final summary report, IEA

WIND Task 25, Phase two 2009- 2011 (2012), p17 （図中文字は筆者英訳）

図3-6-3　（出典）J. H. Slusarewicz and D. S. Cohan: Assessing solar and wind complementarity in Texas, Wind, Water, and Solar, vol.5, Article number 7 (2018) （図中に日本語注釈を筆者加筆）
https://jrenewables.springeropen.com/articles/10.1186/s40807-018-0054-3

図3-7-1　（出典）安田陽: 送電線は行列のできるガラガラのそば屋さん？, インプレスR&D (2018)

図3-7-3　（出典）H. Holttinen et al.: Design and operation of power systems with large amounts of wind power, Final summary report, IEA WIND Task 25, Phase four 2015- 2017 (2018), p.74

図3-7-4　T. Ackermann ed.: WIND POWER IN POWER SYSTEMS, 2ND EDITION, Wiley (2012)
　　　【邦訳】T. アッカーマン編著: 風力発電導入のための電力系統工学, オーム社 (2013), p.912

著者紹介

安田 陽（やすだ よう）

京都大学大学院 経済学研究科 特任教授
1989年3月、横浜国立大学工学部卒業。1994年3月、同大学大学院博士課程後期課程修了。博士（工学）。同年4月、関西大学工学部（現システム理工学部）助手。専任講師、助教授、准教授を経て、2016年9月よりエネルギー戦略研究所株式会社 取締役研究部長。京都大学大学院 経済学研究科 再生可能エネルギー経済学講座 特任教授。
現在の専門分野は風力発電の耐雷設計および系統連系問題。技術的問題だけでなく経済や政策を含めた学際的なアプローチによる問題解決を目指している。現在、日本風力エネルギー学会理事。IEA Wind Task25（風力発電大量導入）、IEC／TC88／MT24（風車耐雷）などの国際委員会メンバー。
主な著作として「世界の再生可能エネルギーと電力システム　経済・政策編」、「世界の再生可能エネルギーと電力システム　電力システム編」、「世界の再生可能エネルギーと電力システム　風力発電編」、「送電線は行列のできるガラガラのそば屋さん?」、「再生可能エネルギーのメンテナンスとリスクマネジメント」（インプレスR&D）、「日本の知らない風力発電の実力」（オーム社）、翻訳書（共訳）として「洋上風力発電」（鹿島出版会）、「風力発電導入のための電力系統工学」（オーム社）など。

◎本書スタッフ
アートディレクター/装丁：　岡田 章志＋GY
デジタル編集：　栗原 翔

●お断り
掲載したURLは2019年11月10日現在のものです。サイトの都合で変更されることがあります。また、電子版ではURLにハイパーリンクを設定していますが、端末やビューアー、リンク先のファイルタイプによっては表示されないことがあります。あらかじめご了承ください。
●本書の内容についてのお問い合わせ先
株式会社インプレスR&D　メール窓口
np-info@impress.co.jp
件名に「『本書名』問い合わせ係」と明記してお送りください。
電話やFAX、郵便でのご質問にはお答えできません。返信までには、しばらくお時間をいただく場合があります。
なお、本書の範囲を超えるご質問にはお答えしかねますので、あらかじめご了承ください。
また、本書の内容についてはNextPublishingオフィシャルWebサイトにて情報を公開しております。
https://nextpublishing.jp/

●落丁・乱丁本はお手数ですが、インプレスカスタマーセンターまでお送りください。送料弊社負担 てお取り替えさせていただきます。但し、古書店で購入されたものについてはお取り替えできません。
■読者の窓口
インプレスカスタマーセンター
〒101-0051
東京都千代田区神田神保町一丁目105番地
TEL 03-6837-5016／FAX 03-6837-5023
info@impress.co.jp
■書店／販売店のご注文窓口
株式会社インプレス受注センター
TEL 048-449-8040／FAX 048-449-8041

世界の再生可能エネルギーと電力システム　系統連系編

2019年11月22日　初版発行Ver.1.0（PDF版）

著　者　安田 陽
編集人　宇津 宏
発行人　井芹 昌信
発　行　株式会社インプレスR&D
　　　　〒101-0051
　　　　東京都千代田区神田神保町一丁目105番地
　　　　https://nextpublishing.jp/
発　売　株式会社インプレス
　　　　〒101-0051　東京都千代田区神田神保町一丁目105番地

●本書は著作権法上の保護を受けています。本書の一部あるいは全部について株式会社インプレスR&Dから文書による許諾を得ずに、いかなる方法においても無断で複写、複製することは禁じられています。

©2019 Yoh Yasuda. All rights reserved.
印刷・製本　京葉流通倉庫株式会社
Printed in Japan

ISBN978-4-8443-7828-0

NextPublishing®

●本書はNextPublishingメソッドによって発行されています。
NextPublishingメソッドは株式会社インプレスR&Dが開発した、電子書籍と印刷書籍を同時発行できるデジタルファースト型の新出版方式です。https://nextpublishing.jp/